JN216809

美肌のために、知っておきたい

化粧品成分表示の
かんたん 読み方手帳

化粧品成分検定協会代表理事
久光一誠

永岡書店

はじめに

化粧品に何を求めるかは、人それぞれです。1品1万円以上の価格帯で、美しく凝ったパッケージデザインのブランドコスメを使うことに喜びを感じる人もいれば、1000円を切るプチプライスコスメが好きな人もいるでしょう。

どちらのケースでも、満足感や肌に対する作用に、価格ほどの大きな差は出ないと思います。値段が高いから良質の化粧品とは一概にはいえませんし、安価だからよくないものだとは限りません。「これがいい」「これが効く」「これが自分に合う」と思って使えば、満足感も高くなる……化粧品とはそういうものです。病気や症状を治す医薬品と異なり、いわば生活に彩りを添えるアイテムなので、「すべての人に対してこうあるべき」というものではありません。

ところが、化粧品の成分に関しては、あまりよく知られていないせいか、その本質が誤解されやすいようです。マイナスのイメージばかりが先行して、敬遠される成分もあります。本来、化粧品は好みと感覚で選んで楽しんで使うものなのに、成分に関する間違った情報を鵜呑みにしてしまうと、選べる化粧品の幅を狭めてしまうのではないでしょうか。

成分の本質がわかれば、もっと化粧品を楽しめるはずです。この本では化粧品に使われている主な成分を解説しています。

たくさんの化粧品の中から自分の肌に合う化粧品を探す際、ぜひ参考にしてください。

目次

自分に合う化粧品を選ぶために必要なこと

「化粧品リテラシー」を身につけよう

化粧品を買うときに、インターネットに流れる口コミなどを
参考にする人も多いでしょう。
でも、その情報はすべてが事実とは限りません。
危険性をあおるネガティブメッセージや、
イメージだけに惑わされないための自分なりの
「化粧品リテラシー」を身につけることが大切です。

1

章

ネットでよく見る
「危ない化粧品」とは？

あなたは何のために化粧品を使いますか？ 「美肌をつくる」「きれいに見せる」「肌を清潔に保つ」「気分を上げる」など、目的は人それぞれでしょう。値段にしても、「高級ブランドコスメでていねいにケアしたい」人もいれば、「安くて、素早くケアできるほうがいい」人もいるはずです。

多くの女性は、化粧品にある程度の効果を期待しています。「シミが消える」「シワがなくなる」など、明らかな改善効果を求めてしまう人も少なくありません。

特にスキンケア化粧品に対しては、効果や効能を求める傾向が強くなりました。ですがそもそも化粧品は、皮膚や毛髪を保湿して健やかに保つことが役割です。そして「楽しむ」ことも大きな目的のひとつ。使い心地を味わう、ケアをする実感を得る、好みのデザインやブランドを選ぶなど、世界観を楽しむものです。薬のように不調を治す力はもっていません。

ところが、今は化粧品に対して、数字と結果を強く要求する方向へ行きつつあります。そうなると、「アンチエイジング化粧品なのにちっとも若返らない」と失望したり、「高い割にイマイチ効かない」と価格と効果のバランスだけを気にするようになってしまいます。化粧品で得る満足感の軸が、ちょっとずれているのかもしれません。

　また、「この化粧品は危ない」というネガティブメッセージも多く見られます。

「合成の成分は肌によくない」

「界面活性剤の入った化粧品を使い続けると乾燥肌になる」

「防腐剤は肌トラブルを招く」

　など、危険性をあおるような文言がインターネットなどのメディアでたくさんとびかっています。はたして、化粧品はそんなに危険なものなのでしょうか？

　実際には、「これは危険」と断言できるほど危険すぎる成分は、日本の化粧品にはほぼ入っていません。逆に、「これは安全」と断言できるほど安全すぎる成分もほぼ入っていません。つまり、化粧品には著しい治療効果をもたらす成分も入っていなければ、体に悪影響をもたらすほどの成分も入っていないのです。

　化粧品会社がネガティブメッセージを使うこともあります。たとえば、ある成分を悪者扱いして「○○は悪い成分。うちの製品には○○を使っていません」と打ち出して、他社製品と差別化する手法です。もちろん、優れた成分を普通にアピールする手法もありますが、「○○不使用」「○○フリー」をうたうことで、消費者に強くアピールできる側面もあります。

　でも、本当のところはどうなのでしょうか。そこまで避けるべき危険な成分が存在するのか、検証していきましょう。

「シリコーン入りシャンプーは毛穴をふさいで、皮膚呼吸を妨げる」なんてことはありません

　最近は、ノンシリコーンシャンプーが主流になりました。シリコーンにまつわる、よくない噂がいつの間にか定着して、消費者もメーカーもシリコーンを避ける傾向になりました。いったい何が起きたのでしょうか。

　シリコーンとは油性成分の一種で、クリームやシャンプー、トリートメントをはじめ、化粧品にもよく使われる成分です（詳しくは89ページ）。このシリコーンがなぜ悪者になってしまったのか、その原因を探ってみましょう。

　パーマをかけるときには、髪の毛の内部構造を切断する「還元剤」や再結合させる「酸化剤」を使います。カラーリングするときには、髪の毛内部の色素を分解するための「脱色剤」や「染料」を使います。

　一方、シリコーンは従来の油性成分と比べて、髪の毛の表面をコーティングして保護する力が強いものです。

つまり、シリコーン入りのトリートメントを使うと、髪の毛の表面がきれいに保護されて、内部へ浸透させたい薬剤が浸透しにくくなる、というわけです。そこで、美容師さんは「パーマやカラーリングの前にシリコーン入りトリートメントを使ってはダメ」と話していたはずです。

　ところが、この文言がはしょられて、最後の部分だけが一人歩きを始め、「シリコーンはダメ」となってしまったのです。

　肝心の理由が抜けたままで、この説にはさらにさまざまな尾ひれがついていきました。「シリコーンは毛穴を詰まらせて、皮膚呼吸を妨げる」「髪に栄養がいかなくなる」など、敵視する方向へと強調されていったのです。

　まず、シリコーンが毛穴を詰まらせることはありません。ほかの油性成分と比べて酸素透過性も高く、皮膚呼吸を妨げることもありません。特にヘアケア製品の使い心地のよさを高めるもので、安全性も高い成分です。

　そもそも髪の毛は死んだ細胞ですから、酸素も栄養もいりません。シリコーンのせいで髪に栄養がいかないからダメというのは、無理のある話です。こうした話がまことしやかに語られるようになり、シリコーン入りのトリートメントだけでなく、シャンプーまでが敵視されるようになったのです。

　シャンプーに入れるシリコーンは、きしみを抑え、指通りをよくするもの。配合量自体が少なく、使用後に洗い流すわけですから、頭皮や髪に大量に残って影響を与えることはありません。

パーマやカラーリングを定期的にする人は、施術前数日間はシリコーン入りトリートメントを使うのは控えましょう。パーマもカラーリングもしない人は、使い心地や香り、価格などで、お好きなように選んでください。

　ノンシリコーンにこだわらなければいけない理由は見当たりません。シャンプーは使い心地で好きなものを選び、トリートメントは時と場合を選べばいい、ということです。

「毒性」を気にするなら、塩や醤油も危険？

　時折見かけるのは、「化粧品に入っている○○は急性毒性がある成分だから危険です！」という文言です。これが化粧品成分の良し悪しを考えるときに、無用な恐怖感を植え付けてしまっているようです。

　でも、急性毒性のある成分だからといって、どのくらい危険なのでしょうか？　たとえば、こういう文章があったら、どう思うでしょうか。

　「○○のLD50（急性毒性の指標で、投与した動物の半数が死亡する量）は１〜３ｇ／kg。体重50kgの人が50〜150gをとると、半数の人が死に至る可能性が高い。数時間以内に嘔吐・下痢・頭痛・発熱などの症状が現れ、呼吸停止やけいれん・昏睡状態を招くこともある」

　この○○、なんだと思いますか？　実は「食塩」なので

す。食塩と聞けば、「なーんだ、そんな大量の塩を一気に食べることなんかないよ」と思うでしょう。

醤油も同様で、一度に大量に飲めば死に至る可能性があります。でも、醤油を大量にゴクゴク飲む人なんていませんよね。つまり、急性毒性があるとしても、一度に大量に摂取することがまずないため、危険性はほとんどないとわかるわけです。急性毒性が問題というよりも、その摂取量の問題なのです。

ところが、化粧品成分でも急性毒性の数値を基準に、安全性が語られることがあります。そもそも化粧品にその成分がどれくらい入っているのか、1回使うことでどの程度の量が皮膚を通して体内に入るものかなどもわかっていないのに、危険性だけが強調されてしまっているのです。

たとえば、「この化粧水に入っている成分は、急性毒性があるから危険です」といわれたら、誰でも不安になると思います。でも「この化粧水を一気に100ℓ使ったら、急性毒性があるので危険です！」といわれたらどうでしょう。「1回に100ℓも使わないわ。逆に、どうやったら100ℓも一気に使えるの？」と笑って終わる話です。

これは、ある「事実」だけを示して、その周辺の「正しい情報」をあえて説明しないことで、導きたい結論に誘導する方法です。事実に基づく数値だけを提示されると、なんとなく信じてしまうものですが、よくよく考えてみるとありえない前提での話だったりもします。

間違った方向に流されてしまわないよう、化粧品の情報を読み取る力、つまり「化粧品リテラシー」が必要なのです。

「発がん性」が気になる人は、カツオ節にも熱いお茶にも、キムチにも要注意!?

もうひとつ、「発がん性」成分をむやみに心配する人もいます。WHO（世界保健機関）の中には、発がん性リスク一覧を作成して発表している組織もあり、このリストに基づいて、特定の成分を危険視するケースもあるようです。そのひとつが「コカミドDEA」という成分です。

コカミドDEAは、シャンプーに少量配合することで、豊かな泡立ちと使いやすいとろみをつける成分です。WHOのリストの中に、このコカミドDEAが掲載されているため、この成分の入った製品が「発がん性シャンプー」などといわれることもあるようです。これも「発がん性リスク一覧に掲載されている成分」という事実だけが強調され、その周辺の正しい情報は提示されていません。まずはその周辺情報を説明しましょう。

リスク一覧では、ヒトに対する「発がん性が認められるグ

ループ１」「発がん性がおそらくあるグループ２Ａ」「発がん
性が疑われるグループ２Ｂ」に分かれています。

　グループ１では、喫煙・太陽光・飲酒などが挙げられてい
ます。これらはリスクが高いことを多くの人が知っています
ね。自分でも節度をもって判断できることです。

　また、ここにはベンゾピレン（何かを燃やすときに不完全
燃焼すると発生する化学物質）も掲載されています。実は、
カツオ節には燻す工程があり、このベンゾピレンが含まれて
います。ＥＵではベンゾピレンに規制値を設けていて、基本
的にカツオ節は輸入禁止になっているのです。

　グループ２Ａでは、紫外線Ａ波＆Ｂ波・65℃以上の熱い飲
み物などが挙げられています。グループ２Ｂには、キムチな
どのアジア式野菜の漬け物のほかに、前述したコカミドＤＥ
Ａ（濃縮物）が入っています。

　ですが、カツオ節もキムチも熱いお茶も「発がん性がある

から危険！」と訴える人はいないでしょう。WHOのリストに載っているからといって、即座にやめる人がどれくらいいるでしょうか。

そもそもカツオ節は一度に大量に食べるものではなく、だしをとったり、風味付けに使う程度です。EUはカツオ節の実際の使い方を知らないため、輸入禁止にしているのです。キムチや熱いお茶も人によっては摂取頻度が高いかもしれませんが、だからといって「発がん性食品」と危険視して生活から排除はしないでしょう。

コカミドDEAも同じことです。しかもリストに掲載されているのは濃縮物です。シャンプーに配合されるのは濃縮物ではありませんし、微量で数％程度。使ったら洗い流しますから、危険性を気にするべきものではありません。

正しい周辺情報を知らないと、「気にするほうがおかしい」

ということに気づけなくなってしまうのです。

石油は「天然物」だと知っていましたか？

化粧品の成分には石油を原料とした成分もたくさんあります。たとえば、ワセリンやミネラルオイルなどは、石油を精製したものです。「石油由来の成分」と聞くと、体に悪いものと考える人も多いのではないでしょうか。過去の悪いイメージを引きずっているのかもしれません。

高度経済成長期には、日本ではまだ粗悪な油が出回っていました。体に有毒な成分を取り除く精製をしっかり行っていない、人体に影響を及ぼすような油も多かったようです。

また、1970年代には精製度の低い、質の悪い石油精製物を使った化粧品でトラブルがあり、「石油由来は危ない」というイメージが定着してしまったようです。

しかし、現在では石油は高度な技術で精製されていますから、安全性も安定性もかなり高い成分です。化粧品には欠かせない成分といってもいいでしょう。

そもそも石油には「合成」「ケミカル」「人工的」などの印象を持つ人も多いようです。でも、ちょっと冷静になって考えてみましょう。石油は地下から湧き出している天然由来の成分だということを忘れていませんか？

石油はいってみれば、日本でも人気のナチュラル系成分であり、まさに天然物です。つまり、「私は自然派で天然由来の化粧品がいいから、石油系はイヤなんです」というのは矛

盾しているのです。

また、石油由来の悪印象がなかなか払拭されないと、化粧品を作る側・売る側は何を使うか、頭をひねります。そこで登場するのが、植物油や動物油です。なんとなく自然派で優しい印象もあるのでしょう。化粧品はイメージでかなり大きく左右されてしまうという側面もあります。

石油由来の成分を嫌がる人の中には「毒性が体に蓄積されていく」という人がいます。「合成の成分で作られたものはまだ歴史が浅くて、体に対する悪影響の実態がわかっていない」ともいいます。石油系は「安く作って高く売る」象徴のようにもいわれています。

石油系が自分の肌に合わないとわかっていて使わないのであれば仕方のないことですが、「石油系だからダメ」と食わず嫌いで化粧品を避けているとしたら、とてももったいないこと。本来はもっと多くの化粧品を楽しめるはずです。

天然か合成か、という議論は多々あるのですが、それが安全かどうかはまた別の話です。天然だから安全とはいい切れ

ませんし、逆に合成だから危険ともいい切れません。自分の肌質や体質には何が合うのか、そこをまず優先的に考えるべきです。

イメージよりも自分の実感を大切にして、化粧品を選ぶことが大切なのです。

身の回りにあふれている「界面活性剤」。これを敵に回していたら何にもできません

とかく悪者扱いされがちなのが「界面活性剤」ではないでしょうか。詳しくは92ページで説明しますが、簡単にいえば、界面活性剤は水と油を仲良くさせる成分です。

主に、「洗浄・乳化・湿潤」などの働きを発揮する成分で、非常に多くの種類があります。乳液やクリーム、シャンプーやトリートメントのほか、洗顔フォームやボディシャンプー、石鹸、食器用洗剤や衣類洗剤にも使われています。

つまり「界面活性剤がよくない」といい始めたら、ありとあらゆる日常用品が問題になってしまうのです。

身近なモノにもある、天然の界面活性剤

界面活性剤は言葉の印象がよくないようですが、身近なところで活躍していることを知っていますか。

たとえば、マヨネーズ。酢と油と卵黄から作られていますが、酢と油は基本的に混ざり合いません。卵黄に含まれる「卵黄レシチン」が界面活性剤として働き、とろっとしたマヨネー

ズが成り立っているのです。

また、牛乳も乳脂肪と水分が分離せずに混ざり合っています。これは「カゼイン」というたんぱく質が界面活性剤として働いているからです。

界面活性剤として働く天然の成分があるとわかれば、印象もそんなに悪いものではないと思いませんか？

食器用洗剤で手が荒れたことから悪者に

なぜ界面活性剤がそこまで悪い印象になったのでしょうか。おそらく、食器用洗剤で手荒れが起きたことがそもそもの始まりだったと考えられます。

食器用洗剤に使う界面活性剤は、油汚れを落とす強い洗浄力が必要です。手の皮脂と油汚れのどちらかだけを落とすことはできませんから、手の皮脂も落ちすぎて、手荒れしてしまうのは仕方ないことです。食器用洗剤における「激しい油汚れを落とす界面活性剤＝手荒れを起こす」という側面が、「界面活性剤＝肌によくない」となってしまったのでしょう。

そもそも食器用洗剤に使う界面活性剤と、スキンケア化粧品に使う界面活性剤は種類や濃度が異なります。はしょって伝えられるうちに、悪者にされてしまったのです。

合成の界面活性剤がよくないというけれど……

界面活性剤が苦手という人たちの中には「合成の界面活性剤はよくない。だから石鹸を使います」という人がいます。

シャンプーやボディシャンプーには合成の界面活性剤が使われているから、天然の成分で作った石鹸のほうが肌に優しい、ということのようですが……。

でも、ちょっと冷静に考えてみましょう。石鹸は「人類が初めて合成に成功した界面活性剤」です。自然に存在する天然成分ではなく、合成した界面活性剤です。石鹸の成分がどんなものでできているのか、正しく理解していれば、こういう話は出てこないはず。また、単純な言葉のイメージだけでよくないと思うものを避けていると、本当に自分の肌に合うものとめぐりあうチャンスを失ってしまいます。

石鹸は決して「天然の成分だから肌に優しい」のではないことを知っておきましょう。

天然、オーガニック……
ホントに肌に優しい?

　化粧品には流行りすたりがあります。今は全体的に、「自然派」「天然」「ナチュラル」「オーガニック」などを求める傾向があります。ですが、何をもって自然派やナチュラルと呼ぶのか、定義は非常にあいまいです。

　消費者は、これらの言葉になんとなく肌に優しいイメージを抱くのかもしれません。当然、売る側もこれらの言葉に敏感で、肌や体に優しいイメージ作りに力を注いでいます。自然、天然、植物、オーガニックを前面に出すのは、流行のひとつでもあります。「うちはケミカル100%」「自信をもって合成100%」という会社は今、ないでしょう。

　でも、そのふんわりとしたイメージをどうとらえるべきでしょうか。正しい判断ができるように、ひとつずつ見ていきましょう。

「天然」がいいとは限らない

「天然」をうたう化粧品も、定義はさまざまです。一般的には自然界に存在する成分ということでしょうか。

　実は、天然に近ければ近いほど、何が入っているのかわからないというリスクがあります。また、自然界のものは季節や天候、産地による品質のバラつきなども起こりますから、

化粧品の成分として使う場合には品質管理が難しいというデメリットがあるのです。

一方、合成成分は「不純物をきっちり把握できる」ところが最大のメリットです。単純で精製しやすく、大量に同じものが作れるため、均一な品質管理ができます。場合によっては安く作れることで、良質で安価な化粧品ができるともいえるでしょう。

品質管理という意味では、必ずしも天然の成分が良質の化粧品になる、とは限らないのです。

合成・ケミカルにいい印象がないのは……

いつ頃から「天然」「オーガニック」などが人気になったのでしょうか。女性誌でオーガニックや自然志向が取り上げられるようになったのは 20 〜 30 年前ですが、もっとさかのぼると、日本で多発した公害問題にたどり着くのかもしれません。

「人間が人工的に作り出すものはよくない」という風潮が根付いたせいか、合成のものや化学物質に対して神経質になったとも考えられます。

合成成分のメリット

を考えれば、決して悪いものではありませんが、一度固定されたイメージはそう簡単には変わらないものです。

「植物性」「植物由来」は肌に優しいか

天然のほかにもうひとつ、「植物性」「植物由来」も比較的よいイメージがあるのではないでしょうか。これは、いわゆる狂牛病が問題になった2000年頃に、定着し始めた言葉です。

狂牛病とは牛の脳の感染症（ＢＳＥ：牛海綿状脳症）で、日本でも感染した牛が見つかりました。当時、社会的に不安をあおる報道がされて、食肉業者や焼肉店が廃業に追い込まれるほどの大騒動になりました。そこで「動物性＝危険」のレッテルが貼られるようになったのです。

それまでは化粧品も「天然」志向だったものが、「天然でも動物性はまずい」「植物のほうが安全なイメージ」という流れに変わったのではないでしょうか。

当時は、馬油などの動物系油脂成分もが嫌われて、化粧品業界から一気に減ってしまいました。そこで、「植物性」「植物由来」を強調するものが増えたのです。

では、植物性や植物由来の成分は本当に肌に優しいのでしょうか。答えは△です。もちろん、マイルドな作用の成分もたくさんありますが、植物でも中には毒素をもっているものもあります。植物由来の成分でかぶれたり、アレルギーが起こる可能性もありますし、口にしたら命を落とす可能性がある植物成分もあります。植物からとれるサポニンには界面活性作用がありますが、ものによっては血液に入ると赤血球を破壊する毒性があるのです。植物だから体に優しいとは断言できないのです。

植物エキス、名前の印象はよいけれど……

　たとえば植物エキス。花や草木の名前がついていると、つい「体によさそう」と思ってしまいます。食品でも同じですが、なじみのある名前がついているだけで、人は安心してしまうものです。化粧品成分の名前はカタカナや数字などでそれがいったい何なのか、わかりにくいものも多いため、植物には心を許してしまう傾向も……。

　植物エキスは、植物をアルコールなどにつけて、その中に含まれる化合物を抽出して作ります。確かに、作用がマイルドなものが多いのですが、名前の印象がよいために使われることもあります。

　ただし、植物にもいろいろな成分が入っていますから、一概に「肌にいい」「体にいい」とはいい切れません。イメージだけで「肌に優しそう」と思い込まないことです。

「無添加」「○○フリー」の本当の意味

無添加といえば、ファンケルの化粧品が先駆けです。当時、化粧品は全成分表示ではなく、「表示指定制度」に基づいて、表記が定められていました。この表示指定制度とは、旧厚生省が「アレルギーなどの皮膚障害を起こす可能性のある成分」をリスト化し、それらの成分を配合するときは化粧品のパッケージに明記しておくことを義務付けたものです。

ファンケルでは、このリストに掲載されている表示指定成分を使わない、つまり「（表示指定成分）無添加」として、売り出しました。これが大ヒットし、無添加化粧品のパイオニアとなったわけです。

そうすると、化粧品業界では「うちは○○無添加」という切り口で、さまざまな化粧品が発売されるようになりました。「○○フリー」といういい方も流行しているようです。「防腐剤無添加」「パラベンフリー」「界面活性剤フリー」など、今はあらゆる化粧品でよく見かけます。

※2001年に薬事法が改正され、化粧品の全成分表示が義務付けられました。それからは、表示指定成分と呼ばれていた成分は「旧表示指定成分」という名前になりました。

「無添加だから安心・安全」ではない

ここで大切なことは、何が無添加なのかということです。さらにいえば、自分の肌に何が合わないのかが重要です。合

わない成分がわかっているのであれば、その成分を無添加、というのが化粧品を選ぶひとつの基準になるでしょう。

でも、自分の肌に合うもの、使っても問題がないものなら、その成分が無添加であるものを選ぶ必要はないわけです。「無添加」「フリー」の3文字だけが安全・安心の象徴となってしまいがちですが、気にするべきところはそこではないのです。

何が合わないのか限定するなら皮膚科へ

どの化粧品を使っても、なんの問題もないという人は幸せといえます。逆に、これを使うとかゆくなる、赤くなるという人は、何が合わないのかを自分でいろいろと試して見つけていかなければいけません。それを積み重ねたときに、ようやく肌に合わない、避けるべき成分が絞り込めるのです。

一般的にあまり知られていませんが、化粧品業界では肌のトラブルを診断する皮膚科医に協力することがルールになっています。化粧品を使ってトラブルが生じた場合、皮膚科医から要請があれば、成分ひとつひとつをバラにして提供すること、という業界ルールがあるのです。

化粧品トラブルがあったときは、皮膚科医に相談してみてください。アレルギーと同じように、パッチテストを行って、どの成分が合わなかったのかを絞り込むことができます。もちろん有料で保険外診療になりますが、自分に合わない元凶の成分を特定することができるかもしれません。その後はその成分を避ければいいのです。

オーガニックの基準はあいまい

　肌にいい印象をもつのが「オーガニック」です。もともと食品から始まっているのですが、要は有機栽培の作物です。ただし、どこまでを有機栽培と呼ぶか、基準はあいまいです。

　たとえば、農薬の使い方をどこまで限定するのか、過去に一度でも農薬を使った土地ではＮＧとするか、何年間農薬を使わなければよしとするか。こうした基準は認証団体によって異なります。非常にゆるい基準の団体もあれば、厳しい基準を設けている団体もあります。団体の数も多く、各自いろいろな認証マークを作っているようです。

　食品であれば、日本農林規格（ＪＡＳ）が公的なオーガニック基準を設けていますが、化粧品には公的な基準がありません。民間企業レベルの認証しかないのが現状です。

　ただし、オーガニックという考え方も長い時間をかけて浸透してきました。そこで「この団体の認証がいいのではないか」という目安が集約されてきたようです。それがヨーロッパの団体が設定している「エコサート」です。エコサート認証であれば、化粧品を作る上で厳しすぎずゆるすぎず、ちょうどよい目安になるようです。動物性も石油由来もＮＧなど、基準が厳しすぎると化粧品も作れなくなってしまいます。

　オーガニックは栽培方法の基準であり、肌に塗っても安全な植物を栽培したかどうかの基準ではありません。オーガニックだから絶対安心、ではないのです。

知っていますか？　それぞれの違い

種類別・
スキンケア化粧品
の基礎知識

普通の化粧品と、よく聞く「薬用化粧品」。
なんとなく違うものだと知っていても、
何がどう違うのかはわからないという人も多いでしょう。
「医薬部外品」もよく見かけるけれど、
「医薬品」との違いは説明できない、ということも。
それぞれの化粧品の用途と種類を知るために、
詳しく見ていきましょう。

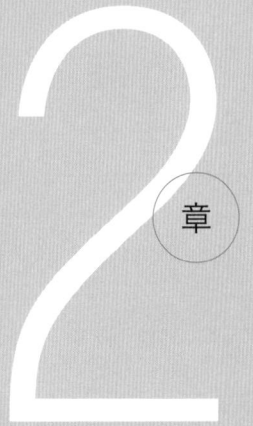

2 章

化粧品・薬用化粧品・医薬部外品の違いは?

「薬用」の文字を化粧品ではよく見かけます。実際のところ、薬用だと効果がありそうな印象も受けますし、それを基準に選ぶ人もいるかもしれません。

では、化粧品と薬用化粧品では何が違うのでしょうか。分類の定義から見ていきましょう。

 どう分類されているの?

まず、大きな分類として「医薬品・医薬部外品・化粧品」があります。医薬品は治療を目的とするものです。

化粧品の定義は「人体への作用が穏やかで、髪や皮膚、爪の手入れや保護などに用いられる」ものであり、誰もが安心して気兼ねなく使えるものです。

医薬部外品は、「治療を目的とする医薬品と、人体への作用が緩和な化粧品の中間的存在」のもので、主に「予防」を目的とするものです。つまり、医薬品と呼ぶほどのものでは

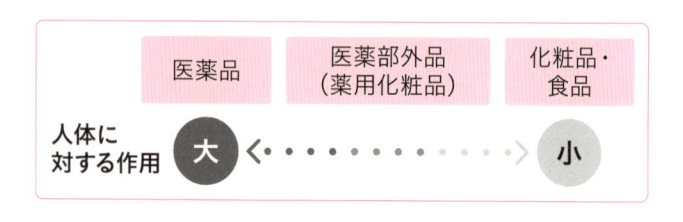

医薬品	医薬部外品 (薬用化粧品)	化粧品・ 食品

人体に対する作用 　大 ⟨ ・ ・ ・ ・ ・ ・ ・ ・ ⟩ 小

ないけれど、医薬品的な効果が多少ある、もしくは扱い方に注意が必要な製品、ということです。

パーマ剤や染毛剤、制汗剤やデオドラント剤、入浴剤など、作用が強いものや使い方に注意が必要なものは、医薬部外品とされています。

 ## 化粧品と薬用化粧品の違いは？

では、薬用化粧品とはいったい何なのでしょうか。

実は、薬用化粧品は医薬部外品の中のひとつ。「医薬部外品として認められた化粧品」のことを薬用化粧品と呼びます。化粧品よりも扱いに注意が必要であること、そして医薬品ほどではないにしろ、予防効果が望めるというものです。

ちょっとだけ、作り手のお話をしましょう。化粧品は「化粧品製造販売業」の許可をとっていれば、届け出を出すだけで製品を翌日から販売できます。1品1品の審査はありません。

それに対して医薬部外品は、製造販売業許可も必要ですが、そのほかに製品そのものの承認と審査が必要です。「この成分でこういう効果がある」というデータと書類を提出し、審査を受けなければいけません。

審査を通って、効能が認められると承認された製品だけが、晴れて「薬用化粧品」とうたえるのです。

Q 医薬部外品の審査は厳しくないの？

医薬部外品の審査は、その有効成分を初めて厚生労働省に申請するときが最も大変です。

「○○という成分を何％入れて、どんな働きがあったか」、安全性や安定性などに関するぼう大な量の実験データを提出して、審査を通るまでに何年もかかるケースもあります。

ところが、その成分が一度審査を通ってしまえば、「前例」ができるため、その後は許可がおりやすいのです。

ただしその成分の許可をとったのがメーカーの場合、情報は原則非公開です。ほかの会社にはいわゆるレシピがわからないため、同じものを作れません。前例がない成分の許可をとろうとすると時間もお金もかかるため、小さな会社には厳しいものです。大手メーカーでないと申請しにくい現状があるのです。

といっても、医薬部外品を販売するのは大手メーカーだけではありません。化粧品の原料を製造して、メーカーに販売する「原料会社」が許可をとることもあります。原料会社が許可をとった場合は、原料とと

もにそのレシピをメーカーに売ります。結果、その成分を使ったタイプの医薬部外品は、多くのメーカーから販売され、市場にも多く出回るのです。

逆に、メーカーが単独で許可をとった場合でも、ある程度製品を作り出したあとは、その原料やレシピを公開することもあります。それを使って薬用化粧品を作る場合は、許可をとったメーカーに何％かを払う、というのが定石です。

メーカーも、自社だけで製品を作るよりも、いろいろな会社にレシピを売ったほうが大きな利益につながることもあるのです。

つまり薬用化粧品なら効果がある？

医薬品ほどの効果はないけれど、普通の化粧品よりは予防効果を期待できる、と考えていいでしょう。

スキンケアに関しては、美白や抗炎症、ニキビ予防など多くの薬用化粧品が生まれています。

たとえば、一般の化粧品ではうたえなかった「美白成分」が「メラニンの生成を抑え、シミやソバカスを防ぐ有効成分」として認められています。

薬用化粧品は有効成分をアピールできるところがメーカーにとっては最大のメリットです。もちろん、消費者も目的を絞り込んで選べるので、薬用化粧品には非常に意味があると思われます。

医薬部外品は海外にもある？

　医薬部外品という考え方は、実は日本独自のものです。似たような制度が韓国やアメリカの一部にはあるようですが、ヨーロッパにはありません。

　確かに、「薬か、薬じゃないか」の二択でいいのではないかと思うかもしれません。医薬部外品はその中間という非常にあいまいな立ち位置なので、諸外国からは批判されることもあります。

　なぜこの制度ができたのでしょうか。化粧品を作る側としては、「医薬品っぽいものを、医薬品ほど大変な手間ひまをかけずに作れるようにしたい」思いもあったのでしょう。

　食品の分野でも、「特定保健用食品」や「栄養機能食品」などの制度を作っています。この認証さえあれば、医薬品ほどの効果はないけれど、体にいいことをアピールできるわけです。

　メーカーがこのように動くのは、消費者のニーズがあると考えているからでしょう。薬用化粧品と聞けば、薬的な視点で化粧品を見る人にとっては満足感を高めてくれることは確かです。「薬用」や「トクホ」などの言葉に弱い人は、納得のいく話だと思います。

 ## 化粧品よりも薬用化粧品のほうがいい？

　自分が求める効果を期待するなら、それに応えてくれる有

効成分が入った薬用化粧品を選ぶのも手です。でも、効果ばかりを求めると、化粧品を楽しめなくなってしまう弊害もあります。

　化粧品にはある種のプラセボ効果があります。プラセボとは「偽薬」のこと。ある症状に対して、有効な薬を飲ませた人と、効果がないはずの偽薬を飲ませた人で改善効果を確認することがありますが、偽薬を飲ませた人の中にも症状が治る人がいるのです。これがプラセボ効果。有効成分が入っていなくても、気のもちようで治ってしまう、まさに「病は気から」です。

　化粧品も同様です。自分でいいと思って使う化粧品こそ、自分が求める効果を発揮すると考えてください。

目的別化粧品は
ホントのところ、どうなの？

　化粧品に対しては、ついわかりやすい機能や効果を求めてしまうものです。実際に、メーカーもある種の「ストーリー」を仕掛けて、製品作りをしています。

　たとえば、アンチエイジングコスメ。アンチエイジングは女性のニーズも高く、今後も関心の高い分野であることは間違いありません。ただし、医薬品ではありませんから、シミやシワをとる効果をダイレクトに訴えることはできません。化粧品は効果効能を直接訴えるのではなく、「こういう成分で老化現象を緩やかにすることが期待できる（かもしれない）」というストーリーに基づいて、製品を作っています。そして消費者はそのストーリーに乗って購入するわけです。

　有名なところでは、「麹を扱っている工場の人たちの手がなぜか白くてきれいである」という話から、その成分を突きとめて、開発・商品化に至るまでをストーリーにした化粧品です。非常に説得力もあれば、引き込まれるものがあります。

　消費者もそのストーリーを楽しみながら、効果が出ると期待して使う。これが化粧品の醍醐味であり、本来の目的ともいえるでしょう。

　とはいえ、化粧品にもできること・できないことがあります。気になる素朴な疑問も含めて、目的別化粧品の舞台裏を

少し解説していきましょう。

 アンチエイジング化粧品でシワはとれる？

　シワを完全にとることは不可能です。ただし、化粧品の作用として、「乾燥による小ジワを目立たなくする」という項目が2011年に認められました。「乾燥による」のただし書きはついていますが、従来は「保湿」しか認められていませんでしたから、大躍進です。化粧品の宣伝広告で、この文言を使えるようになったのです。

　また、医薬部外品においては、今まで「美白」「抗炎症」「抗ニキビ」「殺菌」に関しては認められていました。シワに関する効能はうたうことができなかったのです。

　ところが、2016年7月に、ポーラが初めて「抗シワ」をうたえる成分の許可をとりました。シワを改善する効能で許可をとったのは史上初です。詳しくは121ページで解説しますが、これによって化粧品や医薬部外品のアンチエイジング分野が活気づくと予測されます。

 「低刺激」「敏感肌用」の基準はあるの？

　化粧品でかぶれたり、肌荒れを起こした経験のある人は、「低刺激」や「敏感肌用」を求める傾向があります。では、この低刺激や敏感肌用をうたうための統一された基準があるのでしょうか。

　答えはノーです。これはメーカーの独自基準で作られてい

るもので、業界で統一された条件やルールはありません。

　たとえば、低刺激化粧品を作ろうとしたとき、既存品では「1000 人が使って 3 人が肌に合わなかった」とします。その製品に比べて、今回の新作は「1000 人が使って 1 人が肌に合わなかった」となれば、既存品よりも低刺激といえます。それを低刺激化粧品と呼ぼう、というわけです。

　あるいは、もう少しゆるい基準で作っている会社であれば、「以前の製品は 1000 人のうち 20 人がぴりっと刺激を感じたが、今回は 1000 人のうち 5 人だったので、低刺激と呼ぶ」としているかもしれません。要はいわゆる「当社比」のデータがベースになっているのです。

　敏感肌も何をもって敏感肌とするのか、その定義自体があいまいですから、メーカー独自のルールや定義に基づいて、作っているのです。

　肌が弱い人は、低刺激や敏感肌用を使ってみるのもひとつの手です。データ的には刺激を感じる人が少ないので、肌に合う可能性も高くなるかもしれません。

　ただし、逆にそこで使われている成分が肌に合わない可能性もあります。低刺激や敏感肌用だからこそ肌に合わない、ということも起こりえます。可能性と相性の問題なのです。

オールインワンコスメって信用できる？

「化粧水・乳液・クリーム・美容液・化粧下地の役割をこれひとつで果たせる」を売り文句にした、オールインワンコス

メについて、疑問を感じる人も多いようです。ひとつで何役もこなせるのか、ひとつひとつの働きが逆に弱いのではないかとマイナスの視点をもつ人もいます。

答えとしては、信用する人は満足感を得られるといったところです。食事でたとえるとわかりやすいかもしれません。

コース料理や会席料理のように、段階を踏んで順番に楽しむ食事もあれば、ワンプレートや定食のように一気に出てくる食事もあります。オールインワンコスメはまさに後者です。

時間をかけて段階を踏みたい人はコース料理や会席料理を食べればいいし、忙しいからサッとすませたい人はワンプレートや定食で頼めばいい、という考え方と一緒です。

オールインワンコスメも決して矛盾していません。基本、化粧水・乳液・クリーム・美容液は水と油と界面活性剤でできていて、最大の目的は保湿です。順番に塗ってその過程を楽しむのか、一気に塗って「時短」するか。その違いです。

リンスインシャンプーも同様です。昔は、界面活性剤もリンス作用（静電気を抑えて指通りを滑らかにする）と洗浄作用（脂汚れを落とす）のあるものを一緒に使えませんでした。ところが、指通りをよくするシリコーンを使うことで、洗浄効果もリンス効果も同時に得られるリンスインシャンプーが誕生したのです。

時短ですませたい人のニーズに合わせて生まれた化粧品ですから、それが目的の人には適したものです。信用する人にとっては満足感も高いのではないでしょうか。

化粧品トラブルを
どう考えるべきか

　化粧品によるトラブルで記憶に新しいのは、2010 年に起きた「茶のしずく石鹸」（悠香）による全身アレルギー発症、2013 年に起きた「ブランシール　スペリア」などの美白化粧品（カネボウ）による白斑様症状です。

　前者は「加水分解コムギ末」という成分が、後者は「ロドデノール」という美白成分が問題になりました。どちらも自主回収されましたが、報道の過熱もあり大問題になりました。

　大手メーカーでは研究にも時間とお金をかけていますし、粗悪な成分を使うことはありません。トラブルの種になるとわかっているような成分をわざわざ使ったりはしません。

　また、どちらもヒットした化粧品なので、数の問題もあるでしょう。トラブルが起きる人数が 1 万人にひとりだった製品でも、100 万個売れると 100 人にトラブルが起こる可能性があるわけです。原因は現在も調査されていて、公式な結論は出ていません。もちろんトラブルはゼロにするべく、メーカーも細心の注意を払って研究開発をしているはずですが、想定外の現象が起きてしまうこともあるのです。

　消費者としては、天然は安全とは限らないとか、ほかの人に合う成分が自分に合うとは限らないなど、化粧品の成分の特性を知っておく大切さを学んだ案件だったのではないでしょうか。

成分表示はまずここを見る

「コスメの
プロフィール」を
知ろう

化粧品のパッケージには、
その化粧品に使われている全成分が表示されています。
でも、何がどんな成分なのかはわかりにくいもの。
長いカタカナ名やアルファベット、数字が並ぶ
難解そうな成分名も多いけれど、肌に合う化粧品を
探すために、基本的な読み解き方を学んでいきましょう。

3 章

化粧品の成分表示には 3つのルールがあります

　2001年の薬事法改正によって、医薬部外品を除くすべての化粧品に、全成分表示が義務付けられました。つまり、化粧品のプロフィールはすべてパッケージに記載されています。

　まずは、全成分表示の基本ルールを知っておきましょう。

その❶ 配合量の多い順番に記載されている

　これは知っている人も多いルールでしょう。その化粧品の中で、配合量が多い順番に成分名が記載されています。

その❷ 配合量が1％以下のものは順不同でOK

　基本的には配合量の多い順番に記載されていますが、配合量が1％以下の成分については、記載順序は自由です。化粧品会社によっては、配合量順に記載するところもあれば、ぱっと見て印象のよさそうな成分を前のほうにもってくるところもあります。

　この1％の境目を見分けるのは難しいところですが、ひとつの目安は「1％以下で十分な効果を発揮する成分」です。逆をいえば、「1％以上入れるはずがない成分」が境目です。

　例外もありますが、ポイントを3つおさえておきましょう。

成分表示例（化粧水）

1％以下と
推定できる成分 ←

> 水、BG、エタノール、グリセレス-26、グリセリン、ジグリセリン、アッケシソウエキス、サクシニルアテロコラーゲン、マコンブエキス、温泉水、海水、EDTA-2Na、PEG-60 水添ヒマシ油、アルギン酸 Na、クエン酸、クエン酸 Na、ジ（C12-15）パレス-8リン酸、セスキオレイン酸ソルビタン、ヒドロキシプロピルメチルセルロース、エチルパラベン、メチルパラベン、香料

❶ 「植物エキス（植物の名前にエキスがついたもの）」

植物エキスはほぼ間違いなく、1 ％以上は入れません。1 ％以下でも十分な働きをするからです。上の表示例でいえば、アッケシソウエキス。このあたりから 1 ％以下の配合量であると推測できます。

❷ 「ヒアルロン酸 Na 類」「コラーゲン類」などの保湿成分

これらも基本的には 1 ％以上入れない成分とされています。上の表示例でいえば、サクシニルアテロコラーゲンです。

❸ 品質向上・安定化成分

防腐剤・増粘剤・酸化防止剤・キレート剤などの成分は、化粧品の品質を保持したり、安定化させるもので、ほとんどの成分は 1 ％以下で十分効果を発揮します。上の表示例でいえば、EDTA-2Na あたりでしょう。

もちろん例外もありますが、この 3 つのポイントで、1 ％の境目はだいたい見当がつきます。

成分表示例（マスク）

植物や
ビタミンの成分名 →

化学的な
印象の成分名 →

> 水、グリセリン、スクワラン、ジグリセリン、エタノール、オレイン酸フィトステリル、ヒアルロン酸 Na、リンゴ果実水、モモ葉エキス、ビワ葉エキス、シアノコバラミン、リボフラビン、ビターオレンジ花油、オレンジ果皮油、レモン果皮油、トコフェロール、ベヘニルアルコール、ジメチコン、BG、カルボキシメチルデキストラン Na、カルボマー K、ポリソルベート 60、ステアリン酸ソルビタン、ヤシ脂肪酸スクロース、メチルパラベン

　１％以下の成分の順序は、自由な裁量です。上の表示例のように、植物の名前がつくものは前のほうへ、化学的なイメージがあるものは後ろのほうへ、という記載順も比較的多く見られます。

　香料や保存料は最後のほうにもってくることが多いようです。なんとなく印象がよくないものは後ろのほうへ、という傾向はあります。また、入っていることが特長にならないような成分もできるだけ後ろのほうに記載する傾向もあります。

　逆に、着色剤や香料として配合していても、その成分の印象がよいので前のほうに記載する会社もあります。植物エキスや植物の果皮油、ビタミンB類（リボフラビンやシアノコバラミン）などは、それ自体の作用もありますから、１％以下の成分の中でも、前のほうに記載されたりします。これは決してルール違反ではなく、多くのメーカーが一生懸命考え

ている「イメージ戦略」なのです。

その❸ 着色剤は配合量にかかわらず末尾にまとめる

着色剤は配合量に関係なく、全部最後にまとめて記載してあります。スキンケア化粧品で使う着色剤は非常に少量です。わかりやすいのは「赤201」「黄203」「青1」などの法定色素（人体への安全性が確認されているもので、83種類ある）です。着色剤については152ページで詳しく解説しましょう。

以上、3つの基本ルールに基づいて、全成分が表示されているのですが、このほかは作り手のメーカーにゆだねられています。もう少し細かい部分を見ていきましょう。

● 元素記号もカタカナもあり

日本化粧品工業連合会では、化粧品に表記する成分名のリストを作っています。基本的には、ナトリウムはＮａ、カリウムはＫと元素記号で表記することになっていますが、ただし書きがあり、カタカナでもよいとされています。

● 用途によって記載位置が変わる

たとえば、着色剤。真っ白い粉である「酸化チタン」は白い色をつけるために着色剤として入っていることもあれば、紫外線散乱剤として使われることもあります。着色剤として入れた場合は、末尾に記載されます。

成分表示例 ❶（石鹸）

石ケン素地、変性アルコール、スクロース、グリセリン、ソルビトール、水、オリーブ果実油、エチドロン酸 4Na、ハチミツ

成分表示例 ❷（石鹸）

カリ含有石ケン素地、グリセリン、ゲットウ葉油、アルピニアウライエンシス葉水、加水分解コラーゲン、パパイン、酸化チタン

成分表示例 ❸（石鹸）

水、ソルビトール、スクロース、ミリスチン酸 Na、ラウリン酸 Na、パルミチン酸 Na、ステアリン酸 Na、PPG-9 ジグリセリル、ミリスチン酸 K、ラウリン酸 K、パルミチン酸 K、イソステアリン酸 Na、ステアリン酸 K、ヒマシ脂肪酸 Na、スクワラン、ポリクオタニウム-6、イソステアリン酸 K、ヒマシ脂肪酸 K、グリセリン、塩化 Na、エチドロン酸 4Na、セージ油

→ 石鹸の主成分である界面活性剤

● **原料をバラして表記するケースとまとめるケースもある**

　石鹸の主成分である界面活性剤は、非常にさまざまな表記方法があります。上記表示例の❶や❷のように、「石ケン素地」「カリ含有石ケン素地」と総称を使ってシンプルに表記するケースもあれば、❸のように具体的な成分名を細かく表記するケースもあります。また、その成分の製造過程の原料をさかのぼって表記することもあるのです（詳しくは 68 ページで解説します）。

● 表示される位置で配合目的を知る

エタノールは、10%前後か、あるいはそれ以上の配合量で効果を発揮する成分なので、多くの場合、成分表示の前のほうに記載されています（成分表示例❹）。

ただし、成分表示例❺のように、1%以下と思われる位置に表示されている化粧品もあります。これは、植物エキスの抽出溶媒として、エタノールが使われていると考えられます。製造の過程でほんの微量のエタノールが入ってくるため、このような成分表示になるのです。

エタノールのスースーした刺激や清涼感が苦手な人でも、成分表示の後ろのほうにある場合は、あまり神経質にならずに使えるはずです。

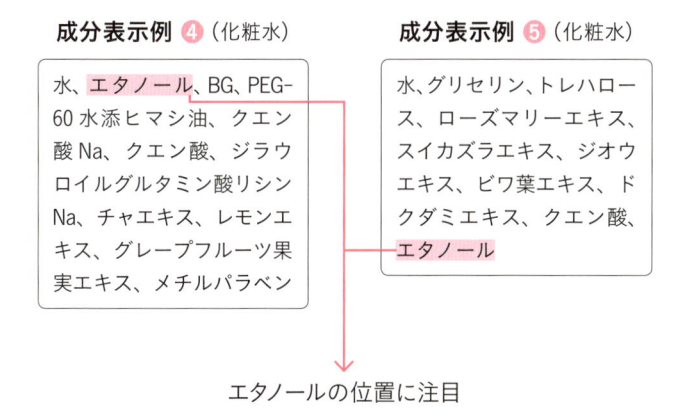

成分表示例 ❹（化粧水）

水、エタノール、BG、PEG-60 水添ヒマシ油、クエン酸 Na、クエン酸、ジラウロイルグルタミン酸リシン Na、チャエキス、レモンエキス、グレープフルーツ果実エキス、メチルパラベン

成分表示例 ❺（化粧水）

水、グリセリン、トレハロース、ローズマリーエキス、スイカズラエキス、ジオウエキス、ビワ葉エキス、ドクダミエキス、クエン酸、エタノール

エタノールの位置に注目

医薬部外品の成分表示にはルールがない!?

　化粧品の成分表示にはいろいろとルールがありましたが、薬用化粧品を含む医薬部外品はどうでしょうか。

　医薬部外品は、法律上3つのポイントがあります。ひとつは、化粧品のような「全成分表示の義務がない」こと。そして、「表示指定制度（26ページ参照）が今もある」こと。もうひとつは、「表示指定成分を表記する」ことです。表示指定成分以外の配合成分を表記する場合も、配合量に関係なく、順番も自由に表記してよいのです。

　医薬部外品には全成分表示の義務はありませんが、多くの薬用化粧品は全成分を表記しています。これは化粧品の業界団体が自主的にルールを設けているからです。「全成分表示」「先頭に有効成分を表記、続いてその他成分を表記」「その他成分の順番は自由」というものです。

　法律上、全成分表示をする必要はないのですが、ほとんどのメーカーが自主的に全成分表示を実施しています。

化粧品と医薬部外品で、成分名が異なる？

　化粧品の業界団体が独自のルールを作り、「化粧品とは異なる医薬部外品での表記」を決めています。同じものであっても、中にはまったく別の名前で表記される成分もあります。

成分表示例 （薬用化粧品）

有効成分を
最初に表記 →

化粧品とは →
異なる名前に

（有効成分）プラセンタエキス （1）
（有効成分）グリチルリチン酸ジカリウム
精製水、1,3-ブチレングリコール、ヨクイ
ニンエキス、ヒアルロン酸ナトリウム （2）、
ユキノシタエキス、トウニンエキス、キウイ
エキス、リンゴエキス、アロエ液汁末 （2）、
チンピエキス、ラベンダーエキス （1）、オウ
レンエキス、ポリエチレングリコール 1540、
キサンタンガム、クエン酸、クエン酸ナトリ
ウム、モノラウリン酸ポリオキシエチレンソ
ルビタン （20E.O.）、パラオキシ安息香酸エ
ステル、ブチルカルバミン酸ヨウ化プロピニ
ル、フェノキシエタノール

上記の例を見てみましょう。

　一番わかりやすいのは「水」です。医薬部外品では「水」
のほかに、「精製水」「常水」と表記することもあります。ま
た、「1,3-ブチレングリコール」とありますが、これは化粧
品では「ＢＧ」と表記される保湿剤のことです。

　保存料のパラベン類を化粧品では「メチルパラベン」「エ
チルパラベン」と表記しますが、医薬部外品ではまとめて「パ
ラオキシ安息香酸エステル」とも表記しています。

　そもそも医薬部外品は、使っていい成分が厚生労働省に
よって決められています。非常に細かい審査を行って、使っ
ていい成分とその条件が一覧表になっているのです。

たとえば、水についてもさまざまな分析をして「重金属の残留量がこれくらいでないといけない」といった数値などの条件が課されています。保湿剤のグリセリンも、分析したときに「不純物が多かったり、水で薄まっているようなものはグリセリンと呼んではいけない」といった、かなり細かい条件があるのです。

メーカーとしては「これだけの条件をクリアして医薬部外品を作ったのだから、化粧品と差別化をしたい」という側面もあるのではないでしょうか。そこで独自ルールを設けて、表記を変えているというわけです。

ただし、あくまで自主ルールですから、医薬部外品でも化粧品と同じ成分名で表記されているものもあります。ちょっとややこしいのです。

化粧品と医薬部外品で 表記が異なる例

化粧品	医薬部外品
水	水・精製水・常水
BG	1,3-ブチレングリコール
メチルパラベン・エチルパラベン	パラオキシ安息香酸エステル
トコフェロール	天然ビタミンE・ dl-α-トコフェロール
ココイルグルタミン酸 Na	N-ヤシ油脂肪酸アシル- L-グルタミン酸ナトリウム
BHT	ジブチルヒドロキシトルエン

成分名のキーワードを
ざっくり覚えると便利

　化粧品の成分名は非常に難しく、覚えにくくてなじみにくいものが多いです。また同じような名前でも、まったく性質の異なる成分も多々あります。例外もありますが、初心者がなじみやすいポイントをいくつか紹介しておきましょう。

● 成分がくっつくと、まったく別物になる

「ステアリン酸」という油に「水酸化 Na」がくっつくと、「ステアリン酸 Na」という界面活性剤になります。また、ステアリン酸に保湿剤の「グリセリン」がくっつくと、「ステアリン酸グリセリル」という界面活性剤になります。油性成分や水性成分がくっつくことで、界面活性剤という異なる成分になるのです。

● ギリシャ語由来の分子の数

　化粧品の成分の名前には、「いくつの分子数で構成されているか」を表すものがあります。たとえば、グリセリン（保湿剤）の分子が2個ついたものは、「ジグリセリン」と呼びます。この「ジ」とは「2」の意味で、ギリシャ語が語源です。

　1は「モノ」、2は「ジ」、3は「トリ」、4は「テトラ」、5は「ペンタ」、6は「ヘキサ」、たくさんの場合は「ポリ」がつきます。あるいは、単純に「-10」「-20」と数字がつく

ものもあります。また、分子が環状に連なっている構造の場合は「シクロ」とつきます。

　いちばんわかりやすい例を挙げれば、油性成分のシリコーンの一種「シクロペンタシロキサン」は、「シロキサンが5個、環状につながっている」となるのです。

● **数字が分子の長さを表すことも**

　水性の保湿成分「PEG（ポリエチレングリコール）」は、成分表示では「PEG-8」「PEG-20」と表記されます。この数字は分子の長さを表しています。

　もちろん、これに当てはまらない例外もたくさんあるので、あとは成分名をていねいに覚えるしかない、というのが現状です。ただし、次の章で紹介する化粧品のベース成分が頭に入れば、成分表示も少しはなじみやすくなるはずです。

スキンケア化粧品は「3つの要素」でできている

普段使っている化粧品を、ちょっと別の角度から見てみましょう。

基本的に、スキンケア化粧品は、

3つの要素が土台になって作られています。

これが化粧品の成分のうち、

最も多い割合を占める「ベース成分」です。

これがわかると、化粧品の性質がわかりやすくなります。

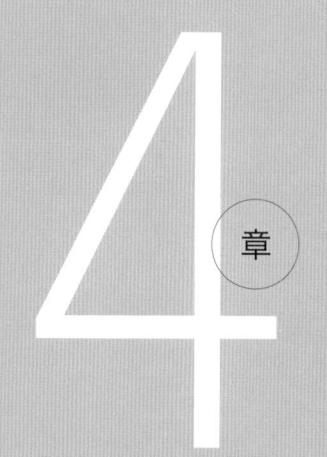

4章

化粧品の70〜90％は
ベース成分です

　化粧品の多くは「水（水性成分）」と「油（油性成分）」と「界面活性剤」でできていることを知っていましたか？　この3つのベース成分が、実に70〜90％を占めているのです。

　まずは、この3つのベース成分をどう組み合わせて化粧品を作っているのか、その骨組みを見ていきましょう。

● 水性成分は、水に溶けやすい

　水性成分とは、水やエタノール、肌の角質層に潤いを与えて逃さないように保つ「保湿剤」などです。水に溶けやすい性質をもっています。化粧水は、ほとんどが水性成分です。

● 油性成分は、水に溶けない、あるいは水をはじく

　○○油、○○オイルなどの油性成分は、基本的に肌の角質層に潤いを閉じ込めて、蒸発を防ぐものです。水に溶けない、あるいは水をはじく性質をもっています。クレンジングオイルや美容オイルなどは、ほぼ油性成分でできています。

● 界面活性剤は、水と油を混ざった状態にする

　水性成分と油性成分は混ざり合わないものです。これが仲良く混ざり合うように働くのが、界面活性剤です。乳化した状態の乳液やクリームには欠かせない成分、または脂汚れを水で落とす洗浄に欠かせない成分でもあります。

骨組みを見てみると、意外とシンプルなことに気づくはずです。残り 10 〜 30％は「機能性成分」や「品質向上・安定化成分」などその他の成分です。この少量の部分だけで化粧品を選びがちですが、縁の下の力持ちはベース成分なのです。

ちなみに、メークの化粧品もベース成分の組み合わせが基本で、そこに着色剤や紫外線防御剤を加えて作られます。

スキンケア化粧品の主なベース成分

この土台に、「機能性成分」「品質向上・安定化成分」
「香料・着色剤」が加わる。

水性成分 ＝ 化粧水

水性成分 ＋ 界面活性剤 ＝ シャンプー・洗顔料

水性成分 ＋ 油性成分 ＋ 界面活性剤 ＝ 乳液・クリーム・リンス・コンディショナー・トリートメント

油性成分 ＋ 界面活性剤 ＝ クレンジングオイル

界面活性剤 ＝ 石鹸

（ 水性成分 ＋ 油性成分 ＋ 界面活性剤 ＝ 美容液 ＊タイプによって異なる ）

メーク製品の主なベース成分

この土台に、「機能性成分」「品質向上・安定化成分」「香料」が加わる。

着色剤 = ルースファンデーション・パウダーファンデーション

油性成分 + 着色剤 = プレストファンデーション・口紅

（水性成分 + 油性成分 + 界面活性剤 + 着色剤 = コンシーラー ＊タイプによって異なる）

水性成分 + 油性成分 + 界面活性剤 + 着色剤 = リキッドファンデーション

水性成分 + 油性成分 + 界面活性剤 + 紫外線防御剤 = 日焼け止め

水性成分 + 油性成分 + 界面活性剤 + 着色剤 + 紫外線防御剤

= UVファンデーション・BBクリーム

「化粧品って結局はどれもほとんど同じなのね」と思うかもしれません。土台は確かに同じですが、どんな成分をどれくらい使うかによって、化粧品の性格はガラリと変わります。

アイテム別の構成要素を見てみましょう（割合のグラフも成分表示例もあくまで一例で、ほかのパターンもあります）。

化粧水

化粧水には「肌を柔らかく保つ柔軟化粧水」
「毛穴を引き締める収れん化粧水」
「角質や脂をとるふきとり化粧水」などさまざまなものが
ありますが、基本的な骨組みは同じです。

（一例）

水性成分	その他

水性成分は、水、エタノールのほか、グリセリン、BG、DPG、PEG、ヒアルロン酸Na、コラーゲン、糖類などの保湿剤を指します（74ページを参照）。

しっとりタイプの化粧水では、エタノールは少なめで保湿剤がメインで、高級感を出したり、使用感を高めるためにとろみをつける製品もあります。ものによってはごく少量の「スクワラン」などの油性成分と界面活性剤を入れることもあります。収れん化粧水やふきとり化粧水などのさっぱりタイプでは、揮発性の高いエタノールやアルコールがやや多めです。成分表示で前のほうに書いてある水性成分の種類で、使用感がなんとなくわかります。

成分表示例

水、グリセリン、BG、DPG、メチルグルセス-10、エリスリトール、PEG-75、トレハロース、ヒアルロン酸Na、クエン酸Na、クエン酸、メチルパラベン、フェノキシエタノール

乳液・クリーム

さらっとした感触のものから、
コクのあるどろっとしたもの、ジェルのように
肌なじみがよいものなど、さまざまなタイプがあります。
乳化した状態は界面活性剤が入っているからです。

（一例）

水性成分	油性成分	その他

界面活性剤

成分表示例

水、エチルヘキサン酸セチル、BG、グリセリン、オリーブ油、ポリソルベート 60、ステアリン酸グリセリル、セラミド 3、セージ葉エキス、ベヘニルアルコール、ジメチコン、トコフェロール、フェノキシエタノール

　乳液・クリームは大きく分けて「水中油型」と「油中水型」があります。水中油型は水の中に油が分散している状態で、さらっとしたテクスチャーやみずみずしい感触が楽しめます。乳液やデイクリームがこのタイプです。油中水型は、油の中に水が分散している状態で、コクのある感触が特徴です。水や汗で落ちにくく、しっかりと肌につきます。ハンドクリームやナイトクリーム、日焼け止めなどがこのタイプです。

　コップの水に落としたとき、揺らすと溶けるのは水中油型、揺らしても溶けないのが油中水型と思ってください。

　乳液やクリームでよく使う界面活性剤の主な代表例として

は、「PEG‐（数字）水添ヒマシ油類」「高級脂肪酸 PEG グリセリル類」「高級脂肪酸グリセリル」などです。

　その昔は「乳液は水分が、クリームは油分が多い」という考え方でした。水か油か、その量でコントロールするしかなかったからです。今はさまざまなタイプの界面活性剤や、増粘剤に界面活性剤のような機能がついた高分子乳化剤（139ページ）が登場したおかげで、水分が多くてもクリーム状になっている「ジェルクリーム」のようなものも作れます。

「美容液」というあいまいな存在

　美容液誕生の背景には、ふたつの理由が推測できます。ひとつは「ステップをひとつ増やすことでスキンケア実感と満足度を高める」こと。メーカーとしてはラインナップを 1 品増やすのは商業的にもありがたい話です。もうひとつは「特化した有効成分へのニーズ」です。消費者も医薬品的な特別感を求める傾向が強く、美容液という概念が誕生したと思われます。

　そして、この美容液については、骨組みを一概に説明できないところがあります。基本的には、乳液・クリームと同じ骨組みと考えられますが、なかにはほとんどが油性成分の美容オイルを美容液と呼ぶものもあれば、水性成分と増粘剤で作ったジェル状の美容液もあります。水性成分と植物エキスだけを配合したエッセンス美容液もあり、ベース成分の構成はいろいろな形になるからです。

日焼け止め

基本の構成は油性成分が多めの乳液に、
紫外線防御剤を配合したものです。ただし、
最近はジェル状タイプやスプレータイプなどもあり、
剤型によっては構成も異なります。

（一例）

水性成分	油性成分		その他	紫外線防御剤

界面活性剤

　日焼け止めのベースは乳液とほぼ同じですが、油中水型のものがほとんどです。これは汗や水をはじいて、しっかり紫外線を防ぐのが目的だからです。そのためにはサラッとマットな仕上がりの油性成分の「シリコーン」（89ページ参照）がよく使われます。

　紫外線防御剤としては、紫外線吸収剤と紫外線散乱剤の2種類です（124ページ参照）。

成分表示例

水、ジメチコン、シクロペンタシロキサン、グリセリン、メトキシケイヒ酸エチルヘキシル、酸化亜鉛、酸化チタン、ミネラルオイル、PEG-10 ジメチコン、ジエチルアミノヒドロキシベンゾイル安息香酸ヘキシル、トリエトキシカプリリルシラン、（ジメチコン／ビニルジメチコン）クロスポリマー、メチコン、香料

※メトキシケイヒ酸エチルヘキシルは紫外線吸収剤だが、乳液を構成する油性成分としての役割も果たす。

　この日焼け止めにコントロールカラー（青や緑の着色剤）を配合すれば化粧下地に、黄や赤などの着色剤を配合すれば、UV ファンデーションや BB クリームとなります。

洗顔石鹸

石鹸は界面活性剤の塊です。
界面活性剤で脂汚れを包み込み、水で洗い流します。
浴用石鹸との違いは保湿成分や植物エキスを入れたり、
刺激が低くマイルドな洗浄力であることです。

(一例)

界面活性剤	その他

　石鹸の基本はほとんどが界面活性剤です。「石ケン素地」「カリ含有石ケン素地」が主成分ですが、成分の表記は異なる場合も多いです（詳しくは68ページ）。

成分表示例

カリ含有石ケン素地、水、ユズエキス、ビワエキス、ステアロイルグルタミン酸2Na、BG、EDTA-2Na

　洗顔石鹸は顔の脂を落としすぎないよう、微量に油性成分が入っていることもあります。オリーブオイルなどを配合することで、マイルドな洗浄力になるからです。あるいは植物エキスなどの機能性成分を配合する場合も多く見られます。

　洗顔石鹸で透明なタイプも多く見かけます。これは製造過程で「スクロース」「ソルビトール」などの糖類や保湿剤のグリセリンを配合すると作れます。顔用でなくても、肌に優しい保湿力の高い石鹸が欲しい場合は、成分表示で糖類やグリセリンがあるか、チェックしてみましょう。

洗顔フォーム

界面活性剤で脂汚れを落とすタイプの
洗顔料です。使いやすいように、界面活性剤を
水で薄めて配合しています。メーク落としではなく、
普通の洗顔時に使うものです。

（一例）

水性成分	界面活性剤	その他

成分表示例

　メークを油になじませて落とすクレンジングとは異なるため、油性成分は使うとしてもごくわずかです。界面活性剤で顔の脂や汚れを落とすものなので、水によく溶けて洗い流しやすいタイプの界面活性剤が用いられます。「ココイルグルタミン酸 Na」「パーム脂肪酸 K」「ラウリン酸 K」などです。

> 水、ミリスチン酸 K、グリセリン、BG、ラウリン酸 K、ラウリルグリコール酢酸 Na、ラウリルベタイン、コカミド DEA、ステアリン酸 K、ココイルメチルタウリン Na、ラベンダーエキス、ヨモギエキス、ハトムギ種子エキス、ヒドロキシプロピルメチルセルロース、ココアンホ酢酸 Na、EDTA-2Na、トコフェロール、安息香酸 Na、香料

　また、万が一目に入ってもしみない、あるいは口に入っても苦くない、洗浄力が比較的マイルドなどの条件に合う界面活性剤が使われます。顔に使うものなので、保湿効果のある成分が加わることもあります。

クレンジングジェル

基本の骨組みは洗顔料とほぼ同じで、
界面活性剤が多く配合されているタイプのクレンジングです。
界面活性剤を水性成分で薄めて、増粘剤で使いやすい
ジェル状にしたものがほとんどです。

（一例）

水性成分	界面活性剤	その他

ジェルタイプのクレンジングは、歴史的に見ても比較的新しいタイプといえます。界面活性剤でメークの油分をしっかり包みこんで落とすことができます。たとえば、「ヤシ油脂肪酸PEG-7グリセリル」「イソステアリン酸PEG-20グリセリル」などです（詳しくは99ページ）。成分表示では、前のほうに水性成分（水、グリセリン、DPG、BGなど）が表記されているのが特徴です。

これとは別に、クレンジングオイルに油溶性の増粘剤を加えてジェル状にしたタイプもあります。

成分表示例

水、ヤシ油脂肪酸PEG-7グリセリル、グリセリン、BG、ココアンホ酢酸Na、PEG-60水添ヒマシ油、ココイルグリシンK、水添レシチン、ラウリン酸ポリグリセリル-10、ヤシ脂肪酸K、（アクリレーツ／アクリル酸アルキル（C10-30））クロスポリマーK、トコフェロール、フェノキシエタノール

クレンジング（ミルク・クリーム）

油性成分が多いクリームや乳液を使って、
メークを油で浮かして落とします。拭きとったり、
洗い流すタイプがあり、水性成分も入っています。

（一例）

水性成分	油性成分	界面活性剤	その他

昔は、油性成分が多めのクリームで、ティッシュで拭きとるタイプのいわゆるコールドクリームが主流でした。先駆けはポンズのコールドクリームが有名です。

今は、水性成分と界面活性剤も加えて、洗い流すタイプが増えました。骨組みとしては乳液・クリームと同じ構成ですが、油性成分をやや多く含んでいます。「トリエチルヘキサノイン」や「エチルヘキサン酸セチル」、「ミネラルオイル」などがよく使われています。拭きとったり洗い流したりするため、肌への有効成分はあまり入っていません。

成分表示例

ミネラルオイル、水、エチルヘキサン酸セチル、ワセリン、BG、グリセリン、ステアリルアルコール、PEG-30 水添ヒマシ油、ステアリン酸 PEG-5 グリセリル、マイクロクリスタリンワックス、スクワラン、ココイルメチルタウリン Na、グリチルリチン酸 2K、ステアリン酸 K、カルボマー K、EDTA-2Na、パラベン、香料

クレンジングオイル

メーク落としで、洗い流すタイプの
クレンジングオイルは、ほとんどが油性成分です。
水で洗い流すときに、乳化するための界面活性剤が
20〜30％入っています。

（一例）

油性成分	界面活性剤	その他

成分表例

ミネラルオイル、トリエチルヘキサノイン、トリイソステアリン酸 PEG-20 グリセリル、PEG-7 グリセリルココエート、アルガニアスピノサ核油、スクワラン、ホホバ油、香料

クレンジングミルク・クリームの考え方を一歩進めて、油でメークや汚れを浮かせて落とすタイプです。肌への密着性が高いウォータープルーフタイプのファンデーションや日焼け止めなどを使ったときに適しています。

逆にいえば、ほとんどメークをしていないのに、クレンジングオイルを使うと、肌に必要な皮脂も落として、乾燥を招くとも考えられます。

このタイプは成分表示の最初に「ミネラルオイル」「エチルヘキサン酸セチル」などの油性成分がくるので、見分けがつきます。界面活性剤としては「トリイソステアリン酸 PEG-20 グリセリル」などが使われます。

シャンプー

髪を洗うためには、液体で泡立ちよくすること、摩擦で髪を傷つけないような界面活性剤を使うことが必要です。さまざまなタイプの界面活性剤を組み合わせて配合しています。

（一例）

水性成分	界面活性剤	その他

よく使われるのは、「ラウレス硫酸 Na」「ココイルグルタミン酸 Na」「ココイルメチルタウリン Na」といった、水道水に含まれるミネラルと反応しにくいタイプの界面活性剤です。石ケン素地は、水道水に含まれるミネラル分と

成分表示例

水、ラウレス硫酸 Na、ココカミドプロピルベタイン、塩化 Na、ジステアリン酸グリコール、カルボマー Na、クエン酸、加水分解コラーゲン、PEG-32、EDTA-2Na、フェノキシエタノール、メチルパラベン、香料

反応して髪がきしんでしまうからです。「ラウレス硫酸 Na」と「ラウリル硫酸 Na」を間違える人も多いのですが、肌や髪に使われるのは「ラウレス～」がメインです。「ラウリル硫酸 Na」はスキンケア化粧品ではあまり使われません。美しいパール感を出すためにジステアリン酸グリコールや、洗髪の指通りをよくするシリコーンといった油性成分がごく少量使われることもあります。

リンス・コンディショナー・トリートメント

以前はリンス、今はコンディショナーやトリートメントと呼ぶ製品が増えました。きしみをやわらげ、静電気を抑えて指通りを滑らかにするなど、髪質を整えるのが目的です。

水性成分	油性成分	その他

界面活性剤

静電気を抑えて（帯電防止）、髪表面をコーティングする作用のある界面活性剤（ステアルトリモニウムクロリドやベヘントリモニウムクロリド）がよく使われます。

油性成分としては、使いやすい硬さが出る「高級アルコール類」（ステアリルアルコールやセテアリルアルコールなど）や、水はじきや指通りを滑らかにするシリコーンが使われます。髪の保湿や補修を目的とする製品では、髪と同じタンパク質を分解した「加水分解タンパク質（シルク・コラーゲン）」が配合されています。

成分表示例

水、ステアリルアルコール、BG、ベヘントリモニウムクロリド、グリセリン、ジメチコン、DPG、セタノール、アミノプロピルジメチコン、ステアルトリモニウムクロリド、PEG-90M、ヒアルロン酸 Na、加水分解ケラチン、アモジメチコン、セトリモニウムクロリド、BHT、フェノキシエタノール、香料、赤 227、黄 4

浴用石鹸

最も歴史が古い、合成の界面活性剤を使って
できています。基本的には「石ケン素地」を使ったもので、
水道水に含まれるミネラルと反応すると、
石鹸カスができます。

(一例)

界面活性剤

石鹸の成分表示は会社によって表記が異なり、非常に複雑です。シンプルな場合は、「石ケン素地」か「カリ石ケン素地」か「カリ含有石ケン素地」と表記します。この3つの違いは、

成分表示例

石ケン素地、香料

　　石ケン素地＝高級脂肪酸・油脂＋水酸化 Na

　　カリ石ケン素地＝高級脂肪酸・油脂＋水酸化 K

　　カリ含有石ケン素地＝上記の総称

です。さらに、この組み合わせた原料をバラして表記する場合もあります（46ページ参照）。「高級脂肪酸（パルミチン酸、ミリスチン酸など）・水酸化 Na（K）」と並記したり、合体した名前で「パルミチン酸 Na」「ミリスチン酸 K」と表記するものもあります。カリ石ケン素地は水に溶けやすいので、浴用石鹸などの固形石鹸ではステアリン酸 Na やパーム脂肪酸 Na など、水に溶けにくい石ケン素地を使います。

ボディシャンプー

ボディシャンプーはポンプタイプのほうが
使いやすいため、水性成分が多めです。
基本の構成はシャンプーと変わらず、
界面活性剤で体の汚れや脂を落とすものです。

（一例）

| 水性成分 | 油性成分 | 界面活性剤 | その他 |

水性成分70％、界面活性剤20％と水性成分が多めです。界面活性剤を水で薄めてあるため、たれにくいよう適度なとろみをつけています。さまざまな種類の界面活性剤が使われます。肌のpHに近い「弱酸性」で「低刺激」のアミノ酸系の界面活性剤を使った製品もあります。

成分表示例

水、グリセリン、ミリスチン酸K、ラウリン酸K、ラウレス硫酸Na、パルミチン酸K、ジステアリン酸グリコール、香料、コカミドMEA、ステアリン酸PEG-150、ラウレス-4、EDTA-2Na、ヒドロキシプロピルメチルセルロース、メチルパラベン、黄4

「ボディシャンプーは刺激が強く、洗い残しも多くなるので石鹸を使う」という人もいます。石鹸でもボディシャンプーでも、肌に優しい構成もあれば、しっかり汚れを落とす構成もあるので一概にはいえません。どちらも界面活性剤で洗うことに変わりはありません。

化粧下地・BBクリーム・ファンデーション

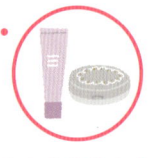

メーク製品のベース成分は、
乳液・クリームとほぼ同じ構成です。
紫外線防御剤と着色剤の配合、または油性成分の割合を
変えることで用途別に分けられます。

(一例)

水性成分	油性成分	界面活性剤	その他	紫外線防御剤

基本の構成は油中水型の乳液・クリームで、配合するものによって変わります。化粧下地は肌色を調整するコントロールカラーとして、緑や青の着色剤を配合します。肌色系の着色剤を配合すれば、BBクリームやリキッドファンデーションに、紫外線防御剤も入っていれば、UV対応の製品となるのです。固形のプレストファンデーションは、ほぼ油性成分と着色剤で構成されています。メークを長持ちさせるためには、肌の上に均一に広がり、汗や水に強い撥水性が必要です。そこで撥水性に優れる炭化水素やシリコーンがよく使われます。

成分表示例

水、シクロペンタシロキサン、ジメチコン、グリセリン、水添ポリイソブテン、PEG-12 ジメチコン、カミツレエキス、BG、パルミチン酸デキストリン、フェノキシエタノール、メチルパラベン、酸化チタン、酸化亜鉛、酸化鉄、アルミナ、シリカ、マイカ、メチコン、水酸化 Al

つまり、スキンケアは 水と油と界面活性剤

　化粧品の代表的な骨組みを知ると、拍子抜けするかもしれません。「結局、化粧品のほとんどが水と油と界面活性剤でできているんだ！」と驚いた人もいるでしょう。

　おそらく、化粧品を選ぶときに水性成分や油性成分について気にする人は少ないと思います。界面活性剤は気になるキーワードではありますが、成分表示には「界面活性剤」とは表記されていないため、具体的な成分名を知らない限りわかりません。結局は、配合量が非常に少ない「その他の成分」

- **機能性成分**
  美白・バリア機能改善・アンチエイジングなど
- **品質向上・安定化成分**
  増粘・防腐・酸化防止・pH調整など
- **香料・着色剤**

その他の成分		
水性成分	油性成分	界面活性剤

に気を配っているはずです。その他の成分とは、「機能性成分」「品質向上・安定化成分」「香料・着色剤」です。

「機能性成分」とは、美白やアンチエイジングなど具体的な作用を期待できる成分のこと。その化粧品の特長をアピールする部分でもあり、化粧品会社は差別化のポイントとして宣伝します。実際、ここに引かれて買う人も多いでしょう。

「品質向上・安定化成分」は、増粘剤や防腐剤など、化粧品の品質を高めたり、変質しないよう安全のために配合される成分です。防腐剤フリーなどにこだわる人は、ここで化粧品を選ぶかもしれません。スキンケアの「香料・着色剤」は超微量ですが、高級感や満足感を高めるために配合されます。

　あまり注目を浴びないベース成分ですが、それぞれに優秀な成分があり、化粧品に必須の成分もたくさんあります。5章で詳しく見ていきましょう。

基本となる成分の性格を知る

化粧品の形を
作る
「ベース成分」

ここからは、実際に化粧品に使われている成分を
それぞれ詳しく見ていきましょう。
まずは化粧品の骨組みとなる3つのベース成分です。
それぞれの働きや配合目的を知ることは、
化粧品を知るための第一歩。
手元にある化粧品で、成分名をチェックしてみましょう。

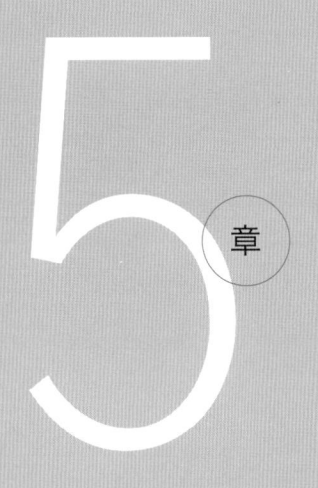

5 章

水または水によく溶ける「水性成分」

　水、または水に溶けやすい成分で、粉などの固形の成分を溶かす「溶剤」としての働きも担っています。保湿剤は潤いを与える・保つ「保湿作用」のほか、「肌への浸透を高める」「肌を柔らかくする」働きがあります。

種類	表記例
水	水、精製水、常水、温泉水など
エタノール	エタノール
保湿剤	グリセリン、BG、DPG、PEG類、ヒアルロン酸類、コラーゲン類、糖類

75ページからの 主な働きや目的の見方

体への働き

保湿＝潤いを保つ　蒸発防止＝膜を作って水分の蒸発を防ぐ
保護＝バリア機能を高める　清涼＝爽やかな涼感を出す
温感＝つけると温感が出る　収れん＝肌を引き締める
脱脂＝肌の脂をとる　整肌＝キメを整える
洗浄＝肌や髪の汚れや脂を落とす　柔軟＝肌や髪を柔らかくする

配合の目的

溶解＝ほかの成分を溶かす　乳化＝水と油を混ぜ合わせる
乳化安定＝乳化した状態を維持する　防腐＝腐らないよう保つ
殺菌＝菌を殺す　制菌＝菌の繁殖を抑える　増粘＝とろみや粘度を出す
触感調整＝硬さやのびなどを調整する　付着＝肌に密着させる
固形化＝型崩れを防ぐ　透明化＝溶けにくい成分を溶かして透明にする
分散＝均一に混ぜ合わせる　撥水＝汗や水をはじく　撥油＝油をはじく
消泡＝製造時にできる泡を消す　起泡＝泡立ちをよくする
帯電防止＝静電気を防ぐ　ツヤ出し＝製品にツヤや光沢を出す

水

表記例 水、精製水、常水、温泉水など

体への働き ● なし

配合の目的 ● 溶解

● 化粧品に使われる水は不純物を取り除いてある

　医薬部外品では精製水や常水と表記されますが、基本的には化粧品でも医薬部外品でも使用される水は、不純物を取り除いてあります。化粧品で精製水と表記する製品もあります。

● ほかの成分を溶かす溶剤としても使われる

　水自体は蒸発しやすいため、持続的に肌に水を残すには保湿剤との併用が必要です。粉などの固形成分を溶かしこむために、溶剤として使われることも多いです。

エタノール

表記例 エタノール

体への働き ● 清涼・収れん・脱脂

配合の目的 ● 殺菌・防腐・溶解

● さっぱり系化粧水や収れん化粧水に使用される

　揮発性があり、蒸発する際に熱を奪うため、清涼感が出ます。肌がかゆくなるなどエタノール過敏の人は要注意です。

● ほかの成分を溶かしたり、防腐作用もある

　水に溶けにくいものを溶かしたり、植物からエキスを抽出

する際にも使われます。また、配合量を増やすと殺菌作用が高まり、防腐剤代わりになります。

● アルコールフリー＝エタノール不使用

　化学物質の分類としてのアルコールには、非常に多くの種類があります。エタノール、フェノキシエタノール、ステアリルアルコール、コレステロールなどもアルコールの一種です。ただし、化粧品の世界ではアルコールという場合のほとんどは、エタノールを指しています。つまり、アルコールフリーとはエタノールを使っていない製品、ということなのです。

保 湿力がとても高い優秀な保湿剤

グリセリン

| 表記例 | グリセリン |

体への働き ● 保湿・温感

配合の目的 ● なし

● ほかの保湿剤と併用すると、のびや滑りがアップ

　グリセリンはたっぷり使っても感触が変わらず、高い保湿力をもつ成分です。単体でも保湿力はありますが、ヒアルロン酸類やコラーゲン類と併用すると、さらに保湿効果が高まるといわれています。

● 温感タイプの化粧品に使われる

　グリセリンには水と混ざると発熱する性質があり、温感化粧品として使われることもあります。この場合は大量に配合

されているため、成分表示の最初にグリセリンが表記されて
います。

● コストパフォーマンスがいい成分

グリセリンは安価で、安全性も保湿力も高いため、多くの
化粧品で使われています。悪い成分だから安いのではなく、
安くて実力がある成分だから、化粧品の価格も安くできるの
です。

べ ベタつかず、防腐作用も高い保湿剤

BG

表記例　BG (医薬部外品では 1,3-ブチレングリコールとも)

体への働き ● 保湿

配合の目的 ● 溶解・増粘・触感調整・制菌

● 菌が育ちにくい環境を作ってくれる

保湿剤御三家（グリセリン・BG・DPG）ともいえるメジャー
な成分です。ベタつかないのが特徴で、植物からエキスを抽
出する溶媒としての働きもあります。

また、菌が育ちにくい環境を作る働きもあるので、防腐作
用も高いマルチな成分です。

● 防腐剤フリーもしくは防腐剤を少量に

防腐剤を減量または使わないために、BG が効果を発揮す
る化粧品もあります。保湿と防腐、両方の効果がある優秀な
成分といえます。

DPG

表記例 DPG（医薬部外品ではジプロピレングリコールとも）

体への働き ● 保湿

配合の目的 ● 触感調整・増粘・制菌

● 穏やかな保水力と使用感のよさが特長

ベタつかずサラッとした感触で、化粧品では非常によく使われる成分です。肌の上でスーッとのびる感触を楽しめます。

● BG 同様、防腐作用も高い

菌が育ちにくい状態を作り、BG と同じように防腐作用も高い成分です。

日本では防腐剤の印象があまりよくないため、BG と DPG が多用されています。海外製品では「防腐は防腐剤の仕事」と割り切っているため、BG と DPG は日本製品ほど多用されていません。

● DPG と似て非なる PG

PG（プロピレングリコール）も保湿剤のひとつです。海外製品にはよく使われていますが、日本ではかつて表示指定成分（26 ページ参照）だったため、イメージが悪く、現在ではほとんど使われていません。名前は似ていても DPG とは別の成分です。

PEG類

表記例 PEG-6、PEG-8、PEG-20、PEG-30、PEG-32、PEG-75、PEG-150、PEG-400、PEG-45M、PEG-90M

体への働き ● 保湿

配合の目的 ● 増粘

● 保湿剤としてだけでなく、とろみやハリ感をもたらす

　保湿作用と、とろみがつく増粘作用があり、保湿と増粘がひとつの成分ですむメリットがあります。

　PEGは「ポリエチレングリコール」の略称です。後ろにつく数字は、分子の長さを表しています。数字が大きいほど、とろみが強くなって肌にハリ感をもたらす特性があります。

　とろみのある化粧品を楽しみたい人や肌にハリ感がほしい人は、使用感の目安として、数字をチェックしてみましょう。

ヒアルロン酸類

表記例 ヒアルロン酸 Na、アセチルヒアルロン酸 Na、加水分解ヒアルロン酸

体への働き ● 保湿・蒸発防止・整肌

配合の目的 ● 増粘

● 化粧品に多量は配合できない高価な成分

　グリセリンは化粧品の20%相当量を入れてもあまり感触が変わりませんが、ヒアルロン酸類は分子が大きくて溶かし

にくく、濃度が上がるとドロッとします。値段もグリセリンに比べるとかなり高価です。そのため化粧品には多く配合されることはありません。しかしごく少量でも豊かな感触や保湿実感をもたらしてくれるので多くのスキンケアで使われます。

● 種類も作用もいろいろある

ヒアルロン酸 Na は最も多く使われます。アセチルヒアルロン酸 Na は角質層になじみやすく、加水分解ヒアルロン酸は水に溶けやすく、肌への浸透力が高い特長があります。

動 物や魚から抽出したタンパク質

コラーゲン類

表記例　水溶性コラーゲン、加水分解コラーゲン、アテロコラーゲン、サクシニルアテロコラーゲン、サクシノイルアテロコラーゲン

体への働き ● 保湿・蒸発防止・保護

配合の目的 ● 増粘

● 水に溶けにくいコラーゲンを分解した形で配合

コラーゲンは保湿だけでなく、肌や髪の表面で保護膜を作る働きがあります。コラーゲンそのものは水に溶けにくいため、水に溶けやすい形にしたのが水溶性コラーゲンで、化

粧品では非常によく使われます。

　加水分解とは、コラーゲンではないものに細かく分解した状態を指します。加水分解コラーゲンは、トリートメントなどに使われています。アテロコラーゲンは、アレルギーの原因になる部分を酵素で処理した形です。分子が大きく、とろみが出るため、少量の配合で感触が変わります。

肌 に吸いつくような感触をもたらす

糖類

表記例	スクロース、ソルビトール、エリスリトール、キシリトール、グルコース、マルチトール、マンニトール、トレハロース、ハチミツ
体への働き ● 保湿
配合の目的 ● 制菌・感触調整

● **水分とゆるく結合して、保湿＆制菌**

　グリセリンやBG、ヒアルロン酸Naなどと同様に水を引き寄せて、ゆるく結合する性質があります。これで水分の蒸発を防ぐため、保湿作用を期待できます。

　また、水分を閉じ込めて菌の繁殖を抑える効果もあります。

● **透明石鹸や濃色石鹸の材料としても使われる**

　石ケン素地に糖類やグリセリンを入れると、透明な石鹸を作ることができます。また、黒や赤などきっちりとした濃色の石鹸を作る場合も、糖類を加えて透明石鹸を作り、着色剤を配合します。

柔軟・保護で
美を整える「油性成分」

　水に溶けない性質の成分です。スキンケアでは水分の蒸発を防ぎ、肌のバリア機能を強化します。メークでは肌になじませて化粧ノリをよくする必須成分で、ヘアケアでは髪のツヤやセット力を高めます。種類別に解説していきましょう。

種類	表記例
炭化水素	ミネラルオイル、ワセリン、スクワランなど
高級脂肪酸	ラウリン酸、ミリスチン酸、パルミチン酸、ステアリン酸、オレイン酸、べヘン酸など
高級アルコール	ステアリルアルコール、べヘニルアルコール、イソステアリルアルコール、セタノール、コレステロールなど
油脂	**植物性**：オリーブ果実油、ツバキ油、シア脂など **動物性**：馬油など
ロウ（ワックス）	**植物由来**：キャンデリラロウ、ホホバ種子油など **動物由来**：ミツロウ、ラノリンなど **石炭由来**：モンタンロウなど
エステル油	エチルヘキサン酸セチル、トリエチルヘキサノイン、ミリスチン酸イソプロピルなど
シリコーン	ジメチコン、アモジメチコン、シクロペンタシロキサン、トリメチルシロキシフェニルジメチコンなど

炭化水素

表記例　ミネラルオイル、ワセリン、スクワラン、
　　　　　マイクロクリスタリンワックス

体への働き ● 保湿・蒸発防止・整肌

配合の目的 ● 乳化・触感調整・溶解・増粘・固形化

● 低刺激で安定性・安全性も高い

　水分蒸発を抑制する作用が高く、油性感の強い成分です。炭化水素系の成分は低刺激性で、変質しにくいため、安全性が高いのが特徴です。

● リップなどのスティック状化粧品にも

　ミネラルオイルはクリームやクレンジングによく使われます。ワセリンは半固形状で、肌や唇を強力に保護します。医薬品では軟膏の基材として使われるほど、安全性の高い成分です。マイクロクリスタリンワックスは、常温で固形の油で、口紅やスティック状化粧品に使われます。

● スクワランとスクワレンは違うもの

　スクワレンは人間の皮脂、深海鮫の肝臓、植物にも含まれる天然成分です。ただし、酸化しやすく、化粧品で使うには水素を結合させて安定性を高める必要があります。その処理をしたのがスクワランです。近年は特に、植物性スクワランを使った製品が増えています。

　スクワランはベタつきがなく、クリームやマッサージオイルによく使われていますが、低刺激・敏感肌用コスメでもよ

く見られる成分です。

高級脂肪酸

表記例 ラウリン酸、ミリスチン酸、パルミチン酸、ステアリン酸、
イソステアリン酸、オレイン酸、ベヘン酸、
パーム脂肪酸、パーム核脂肪酸

体への働き ● なし

配合の目的 ● 石鹸原料・界面活性剤原料

● 単独で化粧品に使うことは少ない

高級脂肪酸は動物や植物からとれる油脂を分解したり、合成することで作られる油性成分です。これ自体を単独で化粧品に使うことはあまりありません。

成分表示でこの名前が入っている場合は、たいていがアルカリ成分とともに石鹸の原料として表記されていることが多いです。

● 酸化チタンのコーティング処理に使うことも

紫外線防御剤や着色剤として使われる酸化チタンの表面を、高級脂肪酸でコーティングすると、油に分散しやすくなります。つまり、油の中でまんべんなく混ざるため、成分が固まったりするのを防いでくれます。

主にメーク製品では、このような表面処理剤として高級脂肪酸が使われることもあります。

高級アルコール

表記例	ステアリルアルコール、ベヘニルアルコール、イソステアリルアルコール、セタノール、セテアリルアルコール、ミリスチルアルコール、オクチルドデカノール、コレステロール

体への働き ● 保湿

配合の目的 ● 乳化安定・触感調整・ツヤ出し・分散

● 乳化安定作用が優れた成分

多くは常温で固形状です。乳液やクリームの硬さ、のび具合を調整するときによく使われます。乳液・クリームには欠かせない成分といえます。ステアリルアルコールは、コンディショナーやトリートメントなどのヘアケア製品によく使われます。髪のツヤを出して、指通りを滑らかにします。

● 液体状のものもある

イソステアリルアルコールやオクチルドデカノールは、液体状の高級アルコールです。温度が低下しても固くなりません。酸化や劣化もなく、かなり安定した成分です。ベタつかずに保湿する力があり、肌の上で均一に分散するため、メーク製品でも活躍するマルチな成分です。

油脂

表記例 **植物性**：オリーブ果実油、ツバキ油、マカデミアナッツ油、
　　　　ヤシ油、ダイズ油、ココナツ油、アーモンド油、
　　　　パーム油、コメヌカ油、シア脂、
　　　　アルガニアスピノサ核油（アルガンオイル）など

　　　動物性：馬油など

体への働き ● 保湿・蒸発防止・保護・柔軟

配合の目的 ● 触感調整

● 肌なじみがダントツによい油性成分

　油脂はわかりやすく動植物の名前がついていることから、イメージもよく、好感度も高い油性成分です。実際に、人間の皮脂と構造が似ているため、塗ったときの肌なじみがよく、油性成分の中でも相性が最もいいといえます。

● エモリエント効果が高く、使い心地もよい

　水性成分の保湿力は「モイスチャー効果」ですが、油性成分の保湿力は「エモリエント効果」と呼ばれています。これは、水分蒸発を防いで潤いをキープし、皮膚を柔らかく保つという意味です。乾燥肌でかさつきがちの人は、油脂の入った化粧品を選ぶとよいかもしれません。

　また、乳液やクリームのテクスチャーを使いやすく向上させる目的でも配合されます。

● 植物の種や実、動物の体内で作られる天然成分

　植物の実や、動物の体内で作られている油なので、油性成分の中でも天然系・ナチュラル系といえるでしょう。

ロウ（ワックス）

表記例 **植物由来**：キャンデリラロウ、カルナウバロウ、ホホバ種子油
動物由来：ミツロウ、ラノリン
石炭由来：モンタンロウ

体への働き ● 保湿・蒸発防止・保護

配合の目的 ● 触感調整・ツヤ出し

● 密閉して保護し、エモリエント作用も

常温の状態でも固形ですが、少し温めると溶けるので、口紅やアイペンシル、スティック状の化粧品にもよく使われます。製品自体にツヤや光沢を出したり、硬さや形状を調節してくれる成分です。

● 油性成分は肌を柔らかくする

基本的に、油性成分は角質層からの水分蒸発を防ぐ効果があります。カルナウバロウは、メーク製品でツヤを出すために使われます。また、脱毛ワックスにも配合されています。

ホホバ種子油はロウの中でも唯一の液体です。価格が安くて安定しているため、多くの化粧品で見かけます。

ミツロウはミツバチの巣から、ラノリンは羊の毛から作られる成分で、動物性のロウです。ミツロウは保湿力も高く、クリームやリップ、バームのほか、メーク製品にも配合されています。ラノリンは固形ではなく、常温でペースト状です。

モンタンロウは褐炭（あるいはリグナイト）という石炭の一種からとれるロウで、マスカラや練り香水に使われます。

エステル油

表記例 エチルヘキサン酸セチル、トリエチルヘキサノイン、
ミリスチン酸イソプロピル、
テトラエチルヘキサン酸ペンタエリスリチル

体への働き ● 保湿・蒸発防止・整肌（成分によって働きも目的も異なる）

配合の目的 ● 乳化・撥水・分散・付着（成分によって働きも目的も異なる）

● 天然の油脂やロウの代わりに作られた成分もある

油脂やロウは天然の成分のため、モノによっては産地や季節で品質がブレたり、採取が制限されたり、価格が高騰する可能性もあります。

そこで、油脂やロウと同じ構造をもつ油として合成されたのがエステル油です。品質が安定するだけでなく、価格も安定するため、多くの化粧品で使われています。

トリエチルヘキサノインは油脂と同じ構造で、「合成油脂」と呼ばれることもあります。エチルヘキサン酸セチルやミリスチン酸イソプロピルは、ロウと同じ構造なので、合成ロウとも呼ばれています。

● 天然には存在しない構造はメーク製品にも

テトラエチルヘキサン酸ペンタエリスリチルは、油脂やロウとは異なり、自然界に存在しない構造の油です。肌の上で均一に密着し、着色剤をきれいに分散させ発色をよくしたり、水をはじくウォータープルーフ性を発揮します。化粧下地や日焼け止め、ファンデーションなどのメーク製品に多用され

ています。

● 合成油だからこその安全性・安定性

エステル油には、合成して作られるからこそのメリットがたくさんあります。変質しにくいため、形状や品質が安定し、大量に作れることで価格も低く抑えられるというメリットもあります。

また、合成ということは、今までにない機能や目的をもつ油として作り出せるため、化粧品に新奇性をもたらす成分でもあります。スキンケア、メーク、ボディケアにヘアケア、あらゆる化粧品で使われています。

水 も油もはじいて滑らかな感触に

シリコーン

表記例	ジメチコン、アモジメチコン、トリメチルシロキシフェニルジメチコン、シクロペンタシロキサン、フェニルトリメチコン、ジメチコノール、アミノプロピルジメチコン、ハイドロゲンジメチコン、シクロメチコン、ジフェニルシロキシフェニルトリメチコン

体への働き ● 保護・整肌

配合の目的 ● 溶解・分散・触感調整・撥水・撥油・ツヤ出し・消泡

● シリコンは元素、シリコーンは化合物

シリコンは「ケイ素」という金属元素の名称で、シリコーンはケイ素と酸素のくり返し構造をもった高分子化合物のことです。化粧品で使われるのはシリコーンです。間違えてシ

リコンと書かれることもあります。

● オイルフリーでもシリコーンを使う場合も

水に溶けない性質をもつことから、ここでは油性成分として扱います。

ただし、シリコーンの多くは油にも溶けにくい性質があるので、「水・油・シリコーン」と分類しているメーカーもあります。「シリコーンは油ではない」という考え方で、シリコーンを使っていても「オイルカット・オイルフリー」とうたう化粧品もあります。

独自の分類を定義し、オイルカット・オイルフリーとうたって、非常にたくさんの特性をもつシリコーンをうまく使っているのです。

● ヘアケア製品には欠かせない

スキンケアでよく使われるのは、ジメチコンです。油の特徴であるベタつきやギトギト感がなく、さらっとした使用感です。被膜を作り、水はじきがよいため、ハンドクリームや洗い流さないトリートメントにもよく使われています。

ヘアケアでよく使われるのはアモジメチコン、ジフェニルシロキシフェニルトリメチコン、アミノプロピルジメチコンです。髪への付着性が高いシリコーンで、髪にツヤを出したり、髪の表面にしっかりとした保護膜を作って、髪をダメージから守る保護効果もあります。

● ノンシリコーンシャンプーが増えているけれど……

ここ数年、シャンプーなどのヘアケア製品で「ノンシリコー

ン」をアピールするものがかなり増えていて、ひとつのブームになっているともいえます。

ヘアケアにおけるシリコーンの役割は、毛髪に付着してきれいな保護膜を作ることがメインですから、コンディショナーやトリートメントには必須です。

では、シャンプーに関してはどうでしょうか。シリコーンが入っていると洗髪時のきしみを抑える作用はありますが、脂汚れを洗い流すこと自体にあまり大きな影響はありません。シャンプーに関しては、シリコーンが必須ではないということです。

● ウォータープルーフ系のメーク製品にも

メークで使う粉が肌の上で均一に広がり、しっかり密着するように働くのもシリコーンの得意技です。撥水力も撥油力もあるため、汗に強くて崩れにくいウォータープルーフタイプには必須ともいえるでしょう。

トリメチルシロキシフェニルジメチコン、フェニルトリメチコン、ハイドロゲンジメチコンなどは、化粧下地や日焼け止め、ファンデーションなどに使われます。

● 揮発性が高いタイプはしっかりメークに

シクロペンタシロキサンは揮発性が高く、肌の上に塗ると蒸発します。ベタつきを抑えながらも、メークの着色剤や紫外線防御剤などの粉だけをしっかり残すことができます。日焼け止めやリキッドファンデーションによく配合されています。

水と油を混ぜ合わせる
「界面活性剤」は多彩

　何かと危険視されがちな界面活性剤ですが、水と油を混ぜ合わせるという、化粧品にとっては必須の成分です。その種類は非常に豊富で、作用や働きも多彩です。化粧品に使われる代表的なものを中心に、解説していきましょう。

①アニオン（陰イオン）界面活性剤

表記例
石ケン素地、ラウレス硫酸 Na、ココイルグルタミン酸 TEA、ココイルメチルタウリン Na、ステアリン酸 K など

見分け方
- 「石ケン」を含む
- 「○○酸 Na、○○酸 K、○○酸 TEA」（○○酸は高級脂肪酸）
- 「○○グルタミン酸 Na、○○タウリン K」など

②カチオン（陽イオン）界面活性剤

表記例
ステアルトリモニウムクロリド、ベンザルコニウムクロリド、セトリモニウムブロミド、ステアリルトリモニウムブロミド、塩化ベンザルコニウムなど

見分け方
- 「○○クロリド」「○○ブロミド」が比較的多い
- スキンケアではあまり使われない

③アンホ（両性）界面活性剤

表記例

コカミドプロピルベタイン、ラウリルベタイン、
ラウラミドプロピルベタイン、ココアンホ酢酸 Na、
ココアミンオキシド、水添レシチンなど

見分け方

- ●「○○ベタイン」「○○オキシド」
- ●「○○アンホ」を含む

④ノニオン（非イオン）界面活性剤

表記例

オレイン酸ポリグリセリル-10、ステアリン酸ソルビタン、
コカミドDEA、コカミドMEA、イソステアリン酸PEG-20グリセリル、
ポリソルベート60、PEG-60水添ヒマシ油、
テトラオレイン酸ソルベス-30、ラウレス-4、べへネス-30 など

見分け方

- ●「○○ポリグリセリル-数字」「○○ソルビタン」
- ●「○○ DEA」「○○ MEA」
- ●「PEG-数字」を含む「○○グリセリル」で終わる
- ●「ポリソルベート」が頭につく
- ●「ソルベス」を含む
- ●「ラウレス」「セテス」「オレス」「ステアレス」「べへネス」
  「トリデセス」「ミレス」「イソステアレス」「コレス」に
  「-数字」がつく

髪にも顔にも体にも、多種多様な働きがある

非常に多くの製品で使われているのが界面活性剤です。界面とは「境目」という意味。溶けにくいもの、混ざりにくいものの境目をうまくとりもって混ぜ合わせる働きをします。

水と油を混ぜ合わせることができるため、界面活性剤には

さまざまな作用があります。

まず、水性成分と油性成分を混ぜて乳液やクリームを作る「**乳化**」です。

また、水で汚れや皮脂、メークを落とす際に、油分を水にうまく混ぜて流し落とす「**洗浄**」作用もあります。

これ以外にもさまざまな働きがあり、固形状も液体状もあります。化粧品に使うものだけでも、1000種類以上あるといわれているのです。

界面活性剤は大きく分けると、4タイプ

ここでは、水に溶けやすい部分がどんなイオンをもつかによって、4タイプに分類しました。

❶ 陰（−）イオンをもつ「**アニオン界面活性剤**」

❷ 陽（＋）イオンをもつ「**カチオン界面活性剤**」

❸ 状況によって変わる「**アンホ界面活性剤**」

❹ イオンにならない「**ノニオン界面活性剤**」

です。それぞれに得意分野がありますが、とにかく種類が多く、一般的には表記名がわかりづらいのが難点です。わからないからこそ不安になる、というループから抜け出すためにも、92〜93ページの見分け方を参考にしてください。

自分が使っている化粧品のどの成分が界面活性剤なのか、チェックしてみましょう。

アニオン（陰イオン）界面活性剤

表記例 石ケン素地、カリ石ケン素地、カリ含有石ケン素地、ステアリン酸 K、パルミチン酸 K、ラウレス硫酸 Na、ココイルグルタミン酸 Na、ココイルメチルタウリン Na、パーム脂肪酸 Na、ラウリルグリコール酢酸 Na など

体への働き ● 洗浄・脱脂・柔軟

配合の目的 ● 乳化・分散・起泡

● 洗浄力とクリーミーな泡立ち

　アニオン界面活性剤は、乳化や分散などの作用もありますが、特に洗浄に関して優秀です。表記に「石ケン素地」が入っているものや、「高級脂肪酸＋ Na・K」の形で表記されているものは、いわゆる「石鹸」です。

　顔や体を洗うものに非常によく使われます。洗浄力は強いほうですが、保湿剤や油性成分と組み合わせて、マイルドに仕上げたものもあります。

● 石鹸カスが生じにくいタイプは髪や顔に

　石鹸は、水に含まれるミネラル分と反応して、「石鹸カス」が生じます。これが毛髪につくと、強いきしみが生じて、洗いにくく、また毛髪を傷めやすくなります。

　ラウレス硫酸 Na は、アニオン界面活性剤の中では石鹸カスが生じにくいため、シャンプーや洗顔料など顔周りに使う製品によく配合されています。クリーミーな泡立ちが特長です。

● 低刺激・敏感肌用はアミノ酸系

　成分名の中に「グルタミン酸」「タウリン」「グリシン」な

どアミノ酸の名前を含んでいるものの多くは、アミノ酸系洗浄剤といわれる界面活性剤です。いわゆる石鹸と比べると、保湿力が高く、脱脂力が低いのが特徴です。肌の弱い人や、あまり汚れていないときに使うなら、アミノ酸系の界面活性剤が配合された洗浄料を選ぶとよいかもしれません。

静 電気防止と殺菌が得意

カチオン（陽イオン）界面活性剤

表記例 ステアルトリモニウムクロリド、ベヘントリモニウムクロリド、ジココジモニウムクロリド、ベンザルコニウムクロリド
ステアリルトリモニウムブロミド、セトリモニウムブロミド、
ステアラミドプロピルジメチルアミン、
ベヘナミドプロピルジメチルアミン

体への働き ● 柔軟

配合の目的 ● 帯電防止・乳化・殺菌

● ヘアケアに必須、指通りを滑らかにする

　カチオン界面活性剤は、主にヘアケア、特にコンディショナーやトリートメントに多用されます。毛髪表面のマイナスの電気と引き合い、毛髪に付着しやすく、静電気を防いで滑らかな手触りに仕上げて、髪を柔らかくしてくれます。髪に軽く塗布すれば、すすいでも効果が残ります。

● 殺菌効果が高い界面活性剤は制汗剤にも

　ベンザルコニウムクロリドは殺菌作用が高く、医薬部外品では「塩化ベンザルコニウム」と呼ばれています。制汗剤やフットケア製品などでは殺菌剤として、また、ポイントメー

クのリムーバーなどでは防腐剤として使われることがあります。

● **殺菌・消毒石鹸はカチオン界面活性剤**

石鹸などの洗浄製品は基本的にアニオン界面活性剤で作りますが、殺菌や消毒をうたった石鹸には、このカチオン界面活性剤が主成分のものもあります。

マ イルドな洗浄・殺菌で低刺激に

アンホ（両性）界面活性剤

表記例　コカミドプロピルベタイン、ラウリルベタイン、ラウラミドプロピルベタイン、ココアンホ酢酸 Na、ココアミンオキシド、水添レシチンなど

体への働き ● 保湿・整肌・保護・洗浄・柔軟

配合の目的 ● 増粘・起泡・触感調整・殺菌

● **イオンが臨機応変で、作用もさまざま**

水に溶けたときの pH によって、イオンが変化する臨機応変な界面活性剤です。たとえばアルカリ性の場合は陰イオン、つまりアニオン界面活性剤の作用が出ます。酸性の場合は陽イオン、つまりカチオン界面活性剤の作用が出るのです。

アニオンとカチオンほどの作用はなく、どちらもやや弱い働きになるのが特徴です。アニオンの洗浄力やカチオンの殺菌力をマイルドにしてくれるので、刺激の低い化粧品に多く配合されています。コカミドプロピルベタインやココアンホ酢酸 Na は代表格です。

● リンスインシャンプーや子供用シャンプーに

コカミドプロピルベタインは、洗浄作用と髪を柔らかくする作用を併せ持つため、リンスインシャンプーやトリートメント効果のあるシャンプーに配合されます。ちなみに、この「コカミド」とは「ヤシ油脂肪酸アミド」の「ココアミド」が略されたもので、ヤシが原材料ということです。

● 泡立ちを助けたり、乳化を長持ちさせる作用も

ラウリルベタインは安定性が高く、補助剤的な働きが得意です。とろみや粘度を出したり、泡立ちをよくしたり、あるいは乳液の状態を長持ちさせるなど、さまざまな作用があります。ラウリルベタインとココアンホ酢酸 Na には、肌を保湿して柔らかくする効果もあります。

● 保湿効果が高い乳液・クリーム・美容液にも

レシチンとは、大豆や卵黄から抽出された天然の脂質のこ

とです。そのままでは酸化・劣化しやすいので、水素を結合させた形で化粧品に配合します。「水添」は水素を結合させて安定化させた、という意味なのです。

肌の角質層になじみやすく、肌荒れを防い

でキメを整えるなどの効果が高いことから、乳液やクリーム、美容液などに配合されています。

● **低刺激の洗浄剤を選びたい人は……**

　肌の弱い人、洗浄後の肌のカサつきが気になる人は、ココアンホ酢酸 Na やラウリルベタインが洗浄成分と併用されているものを選ぶとよいでしょう。

乳 化が得意で、泡立ち控えめ

ノニオン（非イオン）界面活性剤

| 表記例 | オレイン酸ポリグリセリル-10、ステアリン酸ソルビタン、パルミチン酸ソルビタン、コカミドDEA、ラウラミドDEA、イソステアリン酸 PEG-20 グリセリル、ステアリン酸グリセリル、カプリル酸グリセリル、ポリソルベート60、PEG-60 水添ヒマシ油、テトラオレイン酸ソルベス-30、ラウレス-4、ベヘネス-30、ヤシ油脂肪酸 PEG-7 グリセリルなど |

体への働き ● 洗浄・柔軟

配合の目的 ● 乳化・増粘・溶解・触感調整・分散・透明化

● **＋でも－でもない、組み合わせ自由**

　ノニオン界面活性剤は水に溶けてもイオンにならないため、どんな成分とも自由に組み合わせることができます。

　特に、乳化作用が優れているため、乳液やクリームの乳化剤として多用されます。安全性も高いです。

● **名前には水性成分と油性成分の組み合わせも**

　ノニオン界面活性剤も非常に多くの種類があるのですが、その名前は「油性成分と水性成分を組み合わせたもの」も多いです。たとえば、ステアリン酸ソルビタン。これは油性成

分のステアリン酸と水性成分の糖類であるソルビトールがくっついたものです。油性成分と水性成分がなんとなく頭に入っていれば、「これは水と油を仲良くさせる界面活性剤だな」と想像がつきやすくなります。

● シリコーン系の界面活性剤はメーク製品にも

シリコーンを使った「シリコーン系乳化剤」というものもあります。PEG-10 ジメチコン、PEG-9 ポリジメチルシロキシエチルジメチコン、ジメチコンコポリオール、ラウリルPEG-9 ポリジメチルシロキシエチルジメチコンなどです。

日焼け止めやリキッドファンデーションなど、油性成分にシリコーンを多用するウォータープルーフ系のメーク製品にもよく使われています。

● 油によく溶けるタイプはクレンジングに

オレイン酸ポリグリセリル-10やテトラオレイン酸ソルベス-30などは、油によく溶ける性質があります。これらはファンデーションやクレンジングオイルなどに使われます。

● 泡立ちは控えめ、マイルドな洗浄力

アニオン界面活性剤と比べて、泡立ちが少ないものが多いことも特徴です。ウォータータイプのクレンジングジェルに使われることもあります。

●「PEG-数字」の数字は大きいほど水になじむ

「PEG-○水添ヒマシ油」や「イソステアリン酸 PEG-○ グリセリル」の○に入る数字は、大きいほど水になじむという意味です。

界面活性剤にまつわるあれこれ

　界面活性剤にはさまざまな種類があり、それぞれに多様な働きがあることがわかったと思います。ただし、化粧品によっては、呼び方が異なることもあります。

　たとえば、まったく同じ界面活性剤でも、それを洗浄成分として使ったときは「洗浄剤」、乳化成分として使った場合は「乳化剤」、殺菌成分として使ったときは「殺菌剤」、帯電防止成分として使った場合は「帯電防止剤」と呼びます。使い道によって、いろいろな呼び名になるのです。

● 実はいろいろと組み合わせて使う

　ひとつの化粧品で、配合するのはひとつの界面活性剤とは限りません。いくつもの種類を入れて、作用を調整したり、相乗効果を狙ったりします。

　ただし、アニオン界面活性剤とカチオン界面活性剤は、相反する性質なので、ひとつの製品で一緒に使うことはできません。

●「界面活性剤フリー」の裏側

　界面活性剤は水と油を仲良くさせる成分ですが、すべてが「水と油の中間」というわけではありません。水性成分に近いものもあれば、油性成分に近いものもあります。

つまり、下図のようにグラデーションになっていて、ほぼ水に溶ける性質だとしたら、水性成分と呼んでもおかしくないのです。

　そうなると、どこまでを界面活性剤と呼ぶかということになります。界面活性剤か否かの境目はハッキリせず、明確にできないので、微妙なものは界面活性剤といわず、あえて油性成分または水性成分とみなすメーカーもあります。限りなく水性に近い界面活性剤を水性成分とみなして、「界面活性剤フリー」ということもできるわけです。

　ただし、こうして隠さなくてもいいのにわざわざ隠すことが、かえって界面活性剤は悪いものという間違った印象を強め、無用な恐怖感をあおるという悪循環にもつながりかねません。

　実際には、「界面活性剤フリー」とうたう化粧品の多くは、乳化安定作用のある増粘剤を使っているのが一般的です。界面活性剤の代わりに、増粘剤などをうまく利用するのです。

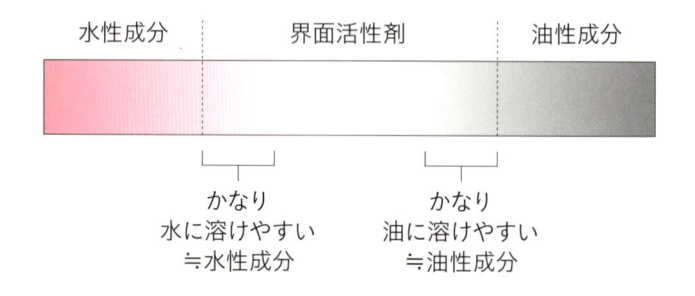

美白、アンチエイジングなどの美容成分

化粧品の個性となる「機能性成分」

この章では、化粧品の個性とも特性ともいえる
「機能性成分」について、詳しく解説します。
機能性成分は、化粧品メーカーが研究と開発を重ねて、
他社製品との差別化を図る分野でもあります。
化粧品選びの際にも気になる成分ですから、
それぞれの特性を知っておきましょう。

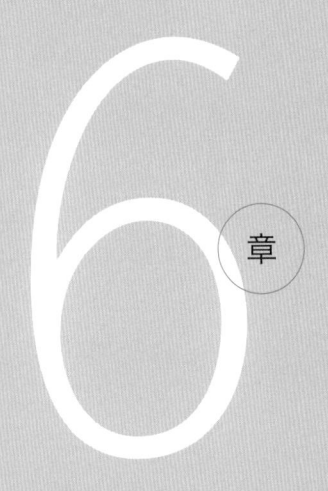
6章

機能性成分＝美容成分。キャラクターを知ろう

　肌への効果を期待できる、いわば「美容成分」を紹介します。もちろん流行もありますが、消費者は最も気になる部分ではないでしょうか。それぞれを効能別に見ていきましょう。

美白
シミ・ソバカスを防ぐ、肌のホワイトニング

種類	代表的な成分
①メラニンの生成を抑制	ビタミンC誘導体、アルブチン、コウジ酸、エラグ酸、ルシノール、カモミラ ET、トラネキサム酸、プラセンタエキス、リノール酸など
②メラニンの排泄を促進	ビタミンC誘導体、プラセンタエキス、リノール酸など
③メラニンを還元	ビタミンC誘導体、エラグ酸など

● 美白成分には3つのアプローチがある

　シミやソバカスの原因は紫外線です。紫外線を浴びると、活性酸素が発生し、肌を傷つけます。これから肌を守ろうとして、「メラニン」が作られます。メラニンがシミやソバカスを作るもとなのです。美白成分は、このメラニンに対して

3つのアプローチをします。

①メラニンの生成を抑制

　メラニンができにくい状態にする、あるいはメラニンが出来上がる状態を邪魔するという成分です。つまり、紫外線を浴びる前に、これを塗っておくとよいということです。

②メラニンの排泄を促進

　肌のターンオーバーとともに、メラニンを排泄しようと促す成分です。新陳代謝を高めることによって、メラニンを早く追い出しましょう、というものです。メラニンが作られてもどんどん排泄できるよう、普段からこの成分を塗っておくとよいでしょう。

③メラニンを還元

　できてしまったメラニンを分解して、メラニンではないモノに変えてしまう成分です。還元とは簡単にいえば、「酸素を外して別の物質に変える」化学反応です。これによって、メラニンは色のない、まったく別モノになり、シミやソバカスを防ぎます。紫外線を浴びた後のケアに最適といえます。

　そもそも活性酸素はアンチエイジングの敵です。活性酸素の害を防ぐ成分は、美白以外にも「抗酸化成分」「アンチエイジング成分」とも呼ばれます。酸化による老化から肌を守る、という意味では、同じ働きをしているのです。

　具体的な美白成分を挙げて、細かく見ていきましょう。

水 溶性と油溶性、両方に溶ける成分も

ビタミンC誘導体

表記例　**水溶性**：リン酸アスコルビルMg
（医薬部外品ではリン酸L−アスコルビルマグネシウム）、
アスコルビルグルコシドなど
油溶性：ステアリン酸アスコルビル、
パルミチン酸アスコルビル、
テトラヘキシルデカン酸アスコルビルなど
両方に溶ける：
パルミチン酸アスコルビルリン酸3Na（略称はAPPS）、
イソステアリルアスコルビルリン酸2Na（略称はAPIS）など

効能 ● メラニンの生成抑制・排泄促進・還元

● ビタミンC誘導体はアレンジ版

　抗酸化作用の高いビタミンC単体では壊れやすく、肌に浸透しにくいので、化粧品では基本的に改造したものを使います。それがビタミンC誘導体です。メラニンに対しては3つのアプローチ（生成抑制・排泄促進・還元）すべてをこなす、美白成分の優等生的存在といえるでしょう。

　水に溶けて、肌に浸透しやすく、肌に長時間とどまるように開発されたのが水溶性ビタミンC誘導体です。リン酸アスコルビルMgはリン酸マグネシウムと、アスコルビルグルコシドは糖類のグルコースと結合させて、浸透性と安定化を実現したものです。リン酸アスコルビルMgは歴史がいちばん古いといえます。

● 油に溶けるタイプはクリームや美容オイルに

　ビタミンCはもともと熱や光に弱く、水に溶けやすい性質があります。また、水に溶かした状態でも不安定であること、

そのままでは油に溶けにくいことから、油溶性ビタミンＣ誘導体が誕生しました。ステアリン酸やパルミチン酸などと結合させることで油に溶かしやすく、しかも壊れにくく安定化した成分です。クリームや美容液などに使われます。

● 次世代ビタミンＣ誘導体も次々登場

さらに研究が進み、水にも油にも溶けやすい性質のビタミンＣ誘導体も登場しています。APPSあるいはアプレシエという名前が有名ですが、パルミチン酸アスコルビルリン酸3Naのことです。このほかにも、イソステアリルアスコルビルリン酸2Na（APIS）、ミリスチル3-グリセリルアスコルビン酸（VC-MG）、3-ラウリルグリセリルアスコルビン酸（VC-3LG）などがあります。

化粧品と医薬部外品では表記名が変わることもありますが、いずれもビタミンＣの構造を意味する「アスコルビル」がキーワードです。

胎 盤パワーでメラニンを抑制・排泄

プラセンタエキス

表記例　プラセンタエキス

効能 ●　メラニンの生成抑制・排泄促進

● アンチエイジング化粧品にはマスト

主に豚の胎盤から抽出するエキスで、保湿効果や皮膚の細胞を活性化する効果に優れています。美白作用も、メラニンの生成に欠かせない酵素「チロシナーゼ」（108ページの

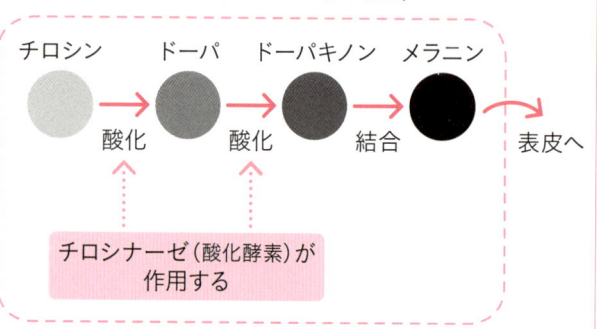

チロシナーゼとは

チロシナーゼとは酸化酵素のこと。
メラノサイトという細胞内では、チロシンが酸化して
だんだん黒くなっていき、メラニンへと変わっていく。
このチロシナーゼの活性を阻害することで
メラニンを作らせない、という仕組み。

メラノサイト（メラニンを作る細胞）

チロシン　　ドーパ　　ドーパキノン　　メラニン

酸化　　　　酸化　　　　結合　　　　　表皮へ

チロシナーゼ（酸化酵素）が
作用する

図参照）の活性を阻害してメラニンの生成を抑制する効果と、新陳代謝を高めてメラニンを排泄させる効果があります。

　精製方法によって成分の違いは出ますが、アミノ酸類やビタミン類、ミネラル類のほか、酵素なども豊富に含まれているため、アンチエイジング化粧品では多用されています。

べ ニバナやヒマワリの油から抽出

リノール酸

表記例　リノール酸、リノール酸S

効能 ● メラニンの生成抑制・排泄促進

● 肌を柔らかくする不飽和脂肪酸に美白効果も

水分の蒸発を防ぎ、肌を柔らかくする作用のあるリノール酸は、ベニバナやヒマワリなどの植物油から抽出される成分です。リノール酸Sの愛称がリノレックSです。

チロシナーゼを分解して量を減らし、メラニンの生成を抑制するだけでなく、新陳代謝を高めてメラニン排泄を促進する効果もあります。

白作用をもつハイドロキノンと似た構造

アルブチン

表記例　アルブチン（β-アルブチン）、α-アルブチン

効能 ● メラニンの生成抑制

● 別名・ハイドロキノン誘導体

美白効果が高いハイドロキノンは作用が強すぎて、副作用も起きやすい成分です。ほとんどのメーカーでは安全のため使わないか、使ったとしても配合量を非常に抑えています。

このハイドロキノンと似た分子構造をもっているのが、アルブチンです。コケモモなどの植物に含まれる成分で、メラニンの合成を阻害する作用があります。「ハイドロキノン誘導体」と呼ばれていますが、ハイドロキノンほど強烈な作用はないため、刺激も少ない安全な成分です。

● αとβの違いは効果の違い

一般的に、アルブチンというのはβ-アルブチンのことです。成分表示ではアルブチンと表記されています。

α-アルブチンはハイドロキノンにブドウ糖を結合したもので、β-アルブチンの10倍以上のメラニン抑制効果があるといわれています。刺激もほとんどなく、安定した成分です。

🔴 多くの美白化粧品に配合されている成分

アルブチンはチロシナーゼの働きを阻害して、メラニンの生成を抑制する効果があります。さまざまな美白化粧品に配合されています。

コ ウジ（麹）から生まれた生理活性成分

コウジ酸

表記例　コウジ酸

効能 ● メラニンの生成抑制

🔴 米麹から発見された美白成分

コウジ酸は、みそやしょうゆ、日本酒の発酵に使う米麹から発見された成分です。「日本酒製造の現場で働く杜氏（醸造工程を担当する職人）の手が白くてツヤツヤしていること

から、研究が始まった」というブランドストーリーが有名です。

コウジ酸は、チロシナーゼの中にある銅イオンを奪うことで、活性を阻害する効果があります。これによってメラニンが作れないようにして、シミやソバカスを防ぐのです。

エラグ酸

表記例　エラグ酸

効能 ● メラニンの生成抑制・還元

● コウジ酸同様、チロシナーゼの活性を阻害する

イチゴの美白効果に着目し、そのポリフェノール成分であるエラグ酸に美白効果があることがわかりました。エラグ酸自体はブドウやイチゴ、ベリー類などの果実や木の実、茶葉などに含まれているポリフェノールです。

化粧品に配合されるエラグ酸は、ペルー原産のマメ科植物であるタラから抽出されます。ほかの美白成分と同様に、チロシナーゼの活性を阻害して、シミやソバカスを防ぎます。

ルシノール

表記例　4-n-ブチルレゾルシノール

効能 ● メラニンの生成抑制

● シベリアモミの木の成分から改良

ルシノールは、シベリアモミの木の成分に改良を重ねて、チロシナーゼの活性を阻害する美白成分として誕生しました。

同様に、木の成分から生まれた「マグノリグナン」（ホオノキの樹皮に含まれるポリフェノール）という成分もありましたが、現在はあまり使われていません。

カモミラET

表記例 カミツレ花エキス、カモミラET

効能 ● メラニンの生成抑制

● 化粧品でよく使われるカミツレ花から生まれた

カモミラ ET はキク科の植物であるカミツレ（カモミール）の花からとれる美白成分です。カミツレ花エキスには保湿、抗炎症、収れん、殺菌、血行促進などの効果もあります。

カモミラ ET はメラニンを作るように指令を出す情報伝達物質「エンドセリン」の働きを阻害して、メラニンの生成を抑制します。

トラネキサム酸

表記例 トラネキサム酸、m-トラネキサム酸、t-AMCHA、
トラネキサム酸セチル塩酸塩（TXC）

効能 ● メラニンの生成抑制

● いくつかのアプローチでメラニンを作らせない

トラネキサム酸は、もともと抗炎症成分として医薬品などに使われていた成分です。昔から歯磨き粉などに入っていた成分ですが、以前は美白作用が認められていませんでした。

t-AMCHA（t-シクロアミノ酸誘導体）は、情報伝達物質を抑制して、メラノサイトに指令が届かないようにするものです。m-トラネキサム酸も同様にメラノサイトを活性化

する活性化因子の働きをブロックします。

　また、トラネキサム酸セチル塩酸塩も、情報伝達物質を抑制して、メラニンの生成を抑制します。

　トラネキサム酸は「肝斑（ホルモン由来のシミ）」にも効果があることが認められています。

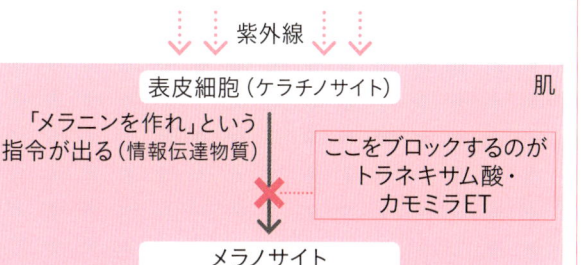

情報伝達物質とは

紫外線を浴びると、表皮細胞のケラチノサイトからメラノサイトへ「メラニンを作れ」という指令が出る。いくつかの情報伝達物質が働いてメラノサイトを活性化し、結果メラニンが作られる。トラネキサム酸やカモミラETは、この情報伝達物質をブロックすることで、メラニンの生成を抑制する。

紫外線

表皮細胞（ケラチノサイト）　　肌

「メラニンを作れ」という指令が出る（情報伝達物質）

ここをブロックするのがトラネキサム酸・カモミラET

✕

メラノサイト

た まったメラニンの排泄を促す

4MSK

表記例　4-メトキシサリチル酸カリウム塩

効能 ● メラニンの生成抑制・排泄促進

● シミがある部分の角質層に作用

　４ＭＳＫはサリチル酸（127ページ）の誘導体です。チロ

シナーゼの活性を抑えるとともに、シミの部分で起きている悪循環を抑制して、たまったメラニンの排泄を促します。

新 陳代謝を高め、メラニンの蓄積を抑える

エナジーシグナルAMP

表記例　アデノシン一リン酸ニナトリウム OT

効能 ● メラニンの排泄促進

● AMPでターンオーバーを促進

　AMPとは「アデノシン一リン酸」の略称で、もともと体内に存在する成分です。エネルギー代謝を高めてターンオーバーを促すことで、メラニンの排泄を促進します。

✕ ラニン生成を抑制するビタミンB₃の一種

ニコチン酸アミド

表記例　ニコチン酸アミドW、D-メラノなど

効能 ● メラニンの生成抑制

● 別名・ナイアシンアミドとも呼ばれる

　ニコチン酸アミドはビタミン B_3 の一種で、ナイアシンアミドとも呼ばれます。メラニンの生成を抑制し、シミやソバカスを防ぎます。

バリア機能改善
水分を保持して、強く美しい肌に

セラミド、疑似セラミド、アミノ酸類など

　バリア機能とは、角質層から水分が蒸発するのを防いだり、外部からの刺激物の侵入を防ぐ仕組みです。肌の表面の角質層には、細胞と細胞の間に「細胞間脂質」が存在しています。細胞間脂質となる成分をしっかり補うことで、バリア機能は改善あるいは強化できます。

ヒト型も疑似型もバリア機能を高める

セラミド

表記例　セラミド I、セラミド 2、セラミド 3、セラミド 4、
　　　　　セラミド 5、セラミド 6、セラミド 6 II、セラミド 7、
　　　　　セチルＰＧヒドロキシエチルパルミタミド、
　　　　　セレブロシド、コメヌカスフィンゴ糖脂質など

効能 ●　バリア機能改善のほか、シワを抑制・減少させる、
　　　　　肌のターンオーバーを促す、
　　　　　皮膚の菌のバランスを整えるなど

● ヒト型セラミドはアンチエイジング向き

　セラミドには複数のタイプがあり、人間の体の中に存在するタイプもあります。

　いわゆるヒト型セラミドと呼ばれるもので、セラミド2、

セラミド6、セラミド6Ⅱです。セラミド2は化粧品でも頻繁に使われます。セラミド6とセラミド6Ⅱは、バリア機能改善のほかにシワを抑制する働きや、肌の正常なターンオーバーを促す作用もあります。

セラミド7には細胞の増殖分化をコントロールして、皮膚常在菌のバランスを整える作用があります。

● セラミドに近い疑似セラミド

セチルPGヒドロキシエチルパルミタミドは、合成して作られたセラミドです。セラミドと非常によく似た構造の成分で、「疑似セラミド」とも呼ばれています。

● 動物由来と植物由来もある

セレブロシドは動物の脳や脊髄（せきずい）から得られる動物性のセラミド類似物です。コメヌカスフィンゴ糖脂質は米ぬか油に含まれるセラミド類似物です。

角質層になじんで、細胞間脂質を補強してくれます。

食 品でも使われる好印象のバリア機能改善成分

アミノ酸類

表記例 アスパラギン酸、アラニン、アルギニン、イソロイシン、グリシン、グルタミン酸、クレアチン、セリン、チロシン、テアニン、トレオニン、バリン、ヒスチジン、ヒドロキシプロリン、フェニルアラニン、プロリン、リシン、ロイシン

効能 ● 保湿・バリア機能改善

● NMF の約 40％を占める成分

ＮＭＦ（Natural Moisturizing Factor）とは、ヒトの皮

膚がもともともっている保湿機能のことで、「天然保湿因子」ともいいます。この約40％がアミノ酸でさまざまな種類がありますが、いずれも保湿力が高く、保湿剤として活用されます。

また、保湿剤の中でも特に肌のバリア機能を強化する作用が優秀な成分です。

● **表記はさまざま**

グルタミン酸は水に溶けにくいため、Na（ナトリウム）と合わせたグルタミン酸Naとして表記されます。

食品やサプリメントにも含まれる成分でなじみ深いかもしれませんが、化粧品では保湿やバリア機能の改善が目的で配合されています。

抗炎症
肌荒れやかゆみ、炎症を抑える有効成分

代表的な成分
グリチルリチン酸 2K、グリチルレチン酸ステアリル、カンゾウ根エキス、アラントイン、ヨクイニンエキス

化粧品で使われる抗炎症成分の中には、配合の上限は決められていますが、医薬品でも使われている効果の高いものもあります。

グリチルリチン酸類

表記例 グリチルリチン酸、カンゾウ根エキス、グリチルリチン酸 2K、
グリチルリチン酸ジカリウム、グリチルレチン酸ステアリル

効能 ● 肌荒れやかゆみ、赤みを抑える

● ややこしい名前だけど、元は同じ成分

　漢方薬にも使われるカンゾウ（甘草）根エキスの主成分が
「グリチルリチン酸」です。抗アレルギー作用、消炎・美白・
保湿効果などがあり、化粧品でも配合されます。

　グリチルリチン酸の水溶性の誘導体が、グリチルリチン酸
2K またはグリチルリチン酸ジカリウムです。消炎作用が強
く、医薬部外品でも医薬品でも使われています。

　そして、油溶性の誘導体がグリチルレチン酸ステアリルで
す。「リ」が「レ」となるのがややこしいところです。水溶
性よりも効果が強く、アレルギーを抑えるといわれています。

アラントイン

表記例 アラントイン

効能 ● 赤みや炎症を抑える

● 植物の葉や種子、カタツムリからもとれる

　コンフリーの葉、タバコの種子、小麦の芽、カタツムリの
粘液などからとれる成分で、尿素からも合成できます。細胞
増殖が期待でき、赤みや炎症をしっかり抑えてくれます。

ヨクイニンエキス

表記例 ヨクイニンエキス、ハトムギエキス、ハトムギ種子エキス

効能 ● 保湿・消炎

● 民間療法ではイボを取る効果が有名

名前は違いますが、みな同じものです。漢方薬の世界では、ハトムギの種子の皮を除いてから作る生薬をヨクイニンと呼びます。イボ取り効果があるといわれていますが、定かではありません。保湿して肌を滑らかにする効果があります。

抗シワ
乾燥から加齢まで原因はいろいろ

代表的な成分
ビタミンA誘導体、フラーレン、ユビキノン、白金

乾燥によるシワは保湿効果が高いものを、活性酸素によるシワは抗酸化作用が高いものを、老化によるシワは肌の線維に働きかけるものを、という観点があります。

肌 の内側から新陳代謝を高める

ビタミンA誘導体

表記例　パルミチン酸レチノール、酢酸レチノールなど

効能 ● 真皮層のコラーゲンやエラスチンの生成を促進する

● 医師が処方するのはトレチノイン

　ビタミンA誘導体としてシワを防ぐ効果が最も高いのは、皮膚科医が処方するトレチノインです。化粧品で使うのは、作用がより穏やかなパルミチン酸レチノールや酢酸レチノールです。真皮層の線維に働きかけて、ターンオーバーを促し、シワを改善する効果があります。

活 性酸素を吸着して無害化する

フラーレン

表記例　フラーレン

効能 ● 強力な抗酸化作用でシワを予防・改善する

● 活性酸素によるダメージを防いで老化を防ぐ

　60個の炭素でできた球状の構造で、活性炭のような吸着作用があります。活性酸素などの老化を促す物質を取り込んで、肌へのダメージを防ぐといわれています。

抗酸化力でアンチエイジングの要に

ユビキノン

表記例 ユビキノン、CoQ10、コエンザイム Q10

効能 ● 紫外線によるシワ、乾燥による小ジワを防ぐ

● サプリメントや食品にも配合されている

　もともと体内に存在する成分で、エネルギー産生と生命維持に不可欠の補酵素です。2004 年に化粧品への配合が許可され、その抗酸化力からエイジングケア成分として脚光を浴びました。皮膚組織の活性化によって、シワを予防します。

すべての活性酸素を除去する効果

白金

表記例 白金

効能 ● 強力な抗酸化作用でシワを予防・改善する

● ユビキノン以上の抗酸化力

　活性酸素は全部で 11 種類あるといわれ、これらすべてを除去できるのが白金、いわゆるプラチナです。その抗酸化力はユビキノン以上で、作用は半永久的に発揮し続けます。酸化防止剤としても非常に優秀な成分で、安全性も高いです。

画期的な「抗シワ」有効成分が誕生

　化粧品では「乾燥による小ジワを防ぐ」働きが認められていましたが、それ以外の「抗シワ」に関しては、認められて

いませんでした。

　ところが、2016年7月にポーラが史上初の「シワを改善する」医薬部外品有効成分の承認をとりました。

　その成分は……

「三フッ化イソプロピルオキソプロピルアミノカルボニルピロリジンカルボニルメチルプロピルアミノカルボニルベンゾイルアミノ酢酸ナトリウム」

というおそろしく長い名前です。

　これは、体内のエラスチンやコラーゲンなどの線維を分解する作用を抑える成分だそうです。

　若いうちは細胞が生まれ変わるスピードも分解するスピードもバランスがとれているのですが、年齢を重ねると生まれ変わるスピードが格段に衰えていきます。

　そこで分解するスピードも衰えればよいのですが、分解だけが進んでしまう傾向があり、肌も老化していくのです。この新しい有効成分は、分解作用を抑えることで、シワを改善するというものです。

　2017年1月に製品化され、「ニールワン」という成分名で配合されています。女性たちにとって関心の高い成分となることに間違いありません。

化粧品業界で「抗シワ」分野に注目が集まる

　これは画期的なことです。抗シワの有効成分で前例ができたわけですから、今後ほかの大手化粧品メーカーもこれに追

随して、抗シワの有効成分の開発に力を注いでいくと思われます。

今までは、女性の悩みや化粧品への期待は「美白」が中心で、化粧品業界もこの分野の開発が中心でした。今後はさらなるアンチエイジングとして、抗シワにも期待が高まっています。化粧品業界も力を入れていくことになるでしょう。

シワ対策コスメの流行

一時期流行したのは、筋肉弛緩効果によってシワを改善する、いわゆる「塗るボトックス」のようなペプチド成分です。「アセチルヘキサペプチド-8」や「パルミトイルペンタペプチド-4」などですが、現在は下火になっています。

今は、一瞬シワがなくなったように見せるコスメが流行しているようです。成分はわかりませんが、ハリ感の強い増粘剤のような成分と、光を当てたときに影ができにくい粉体を組み合わせた化粧品だと思われます。これは根本からシワを改善したり、予防するものではなく、「見た目のマジック」を利用した製品ではないでしょうか。

いずれにせよ、流行りすたりはあるものです。機能性成分を競い合う化粧品業界では、必ずブームが起こるものです。

紫外線防御

2種類の紫外線防御剤には特長がある

種類	代表的な成分
紫外線吸収剤	オキシベンゾン類、メトキシケイヒ酸エチルヘキシル、t-ブチルメトキシジベンゾイルメタン、ジエチルアミノヒドロキシベンゾイル安息香酸ヘキシル
紫外線散乱剤	酸化チタン、酸化亜鉛

　紫外線には、UV-A（紫外線A波）とUV-B（紫外線B波）があります。UV-Aは主に「肌を黒くする」「シワやたるみの原因になる」ものです。真皮層まで到達するのが特徴です。UV-Bは「肌が赤くなってヒリヒリする日焼けを起こす」ものです。角質層の乾燥を招き、表皮にダメージを与えるタイプです。

　これらを防ぐのが紫外線防御剤で、化粧品の中で唯一、その性能が数字で出るものです。

　SPF（Sun Protection Factor）はUV-Bの防御効果を数値で表したもの。数字が大きければ効果が高いという目安です。

　PA（Protection Grade of UV-A）は、UV-Aの防御効果を表すもので、「+」の数が多ければ効果が高くなります。

　紫外線防御剤の成分について、解説していきましょう。

紫外線吸収剤

表記例　オキシベンゾン (-1 〜 -6、-9)、
　　　　　メトキシケイヒ酸エチルヘキシル、
　　　　　t- ブチルメトキシジベンゾイルメタン、
　　　　　ジエチルアミノヒドロキシベンゾイル安息香酸ヘキシル

効能 ● 紫外線のエネルギーを吸収して、熱などに変換する

● 紫外線のエネルギーを熱に変換する

　紫外線のエネルギーを取り込んで熱に変換したり、分子構造を変えるエネルギーに消費する化学物質が主成分です。もともと透明なので、塗っても白浮きしにくい特長があります。

　オキシベンゾン類は末尾の数字で、吸収する紫外線が変わります。-1、-3、-4、-5 は UV-A を吸収、-9 は UV-B を吸収、-2 と -6 は両方とも吸収します。

　メトキシケイヒ酸エチルヘキシルは UV-B の吸収、t -ブチルメトキシジベンゾイルメタンとジエチルアミノヒドロキシベンゾイル安息香酸ヘキシルは UV-A の吸収に優れています。

　ただし、アレルギーの原因になることもあるので、厚生労働省が作るポジティブリストによって配合規制をしています。「ノンケミカル」をアピールしている日焼け止めは、この吸収剤を使っていないものです。

紫外線散乱剤

効能 ● 紫外線を反射させて、肌に届かないようにする

● 紫外線を物理的にはね返す

紫外線散乱剤は基本的に白い粉です。非常に小さくした粉を肌に塗ることで、物理的に紫外線を反射させる仕組みです。

白浮きしやすいといわれていましたが、今はナノレベルまで小さくした粉体が登場し、白くなりにくい製品がほとんどです。

粉が小さいだけに、肌のキメに入り込むこともあるので、クレンジングでしっかり落とすことが大切です。専用のクレンジング剤を出しているメーカーもあります。

酸化チタンと酸化亜鉛を両方配合することも多いです。

ピーリング・角質柔軟

ターンオーバーを促して、肌を柔らかくする

代表的な成分
AHA（グリコール酸、乳酸）、サリチル酸

肌の表面にたまった余分な角質を溶かし、薄くすることで肌のターンオーバーを促すのがピーリングです。ざらつきやごわつき、くすみがとれて、皮膚が柔らかくなります。

AHA

表記例　グリコール酸、乳酸

効能 ● 角質を溶かして、新陳代謝を促す

● 配合量によって肌への作用が大きく変わる

　ＡＨＡとはアルファヒドロキシ酸のことで、通称フルーツ酸とも呼ばれています。果実やサトウキビから作られる酸の総称ですが、いずれも配合量が多いほど作用が強くなります。

　フルーツ酸の名前は肌に優しいイメージもありますが、決して優しい成分ではありません。敏感肌の人は刺激を感じることもあります。

　化粧品は誰もが安全に使えるよう、入っていてもごく微量です。皮膚科で行うピーリングは高濃度のものを使います。

サリチル酸

表記例　サリチル酸

効能 ● 角質を溶かして新陳代謝を促す、菌の繁殖を防ぐ

● 医薬品ではイボやウオノメ除去に

　サリチル酸は医薬品では高濃度で配合され、イボやウオノメ除去剤として使われます。

　化粧品では足の角質ケア製品などに配合されています。殺菌力が高いので、ニキビ用化粧品などにも使われます。

皮脂抑制
皮脂腺に働きかけるニキビ対策成分

代表的な成分
ピリドキシン、ローズマリーエキスなど

　ニキビ用化粧品によく使われている成分です。皮脂の分泌を抑えて、肌を清潔に保ちます。また、消炎効果の高い植物エキスを使ったニキビ用・肌荒れ用化粧品も多いです。

■ ニキビ用コスメに配合

ピリドキシン

表記例　ピリドキシン HCl、ジパルミチン酸ピリドキシン、
ジカプリル酸ピリドキシン

効能 ● 皮脂の分泌を抑え、ニキビや肌荒れを防ぐ

● ピリドキシン類はビタミンB₆系

　一般的にはビタミンB_6のことです。化粧品に配合されるときは、ピリドキシン HClという名前になります。

　皮膚の炎症を防ぐためにも使われますが、医薬品成分でもあるため、配合規制があります。

炎 症を抑えて肌を鎮める効果

植物エキス類

表記例	ローズマリーエキス、ユキノシタエキス、ヨモギエキス、チョウジエキス、オウレン根エキス
効能 ●	炎症を抑えて肌を鎮める、菌の繁殖を防ぐ

● 植物エキスも大活躍

　炎症を抑える効果の高い植物エキスは、薬用化粧品でもよく使われています。ローズマリーやヨモギには消炎・抗菌作用があり、肌荒れ防止やニキビ予防の化粧品に配合されています。ユキノシタエキスは消炎・抗菌作用のほか、抗酸化作用や美白作用もあり、アンチエイジングコスメにもよく使われています。

　古くから民間薬として使われていること、イメージがよいことから、化粧品では多用されています。

収れん・制汗
毛穴をきゅっと引き締めて、汗を抑える

ハマメリスエキス、オウバク（キハダ）エキス、
チャ葉エキス、ミョウバン（アルミニウム化合物）、
亜鉛化合物

　表皮のタンパク質を収縮する作用で、毛穴を引き締めるのが収れん、これによって汗や皮脂の分泌を抑えるのが制汗です。顔に使う化粧品にはマイルドな植物エキス類、制汗剤に使うのはアルミニウムや亜鉛の化合物です。

穏 やかな作用で毛穴を引き締める

植物エキス類

表記例　ハマメリスエキス、メリッサエキス、
　　　　オウバク（キハダ）エキス、チャ葉エキスなど

効能 ● 肌を引き締めてキメを整える、肌荒れを防ぐ

● 収れん化粧水、サッパリ系の化粧品に

　いずれも植物から抽出したエキスで、フラボノイドやポリフェノールなどを含みます。毛穴を引き締めて滑らかな肌にするので、さっぱりした使い心地の化粧水などに配合されています。

汗 や皮脂の分泌を抑えるデオドラントに

アルミニウム化合物

表記例 ミョウバン、焼ミョウバン、アルムK、
硫酸（Al/K）、硫酸アルミニウムカリウム、
クロルヒドロキシアルミニウムなど

効能 ● 毛穴を収縮あるいはふさいで、汗を抑える、殺菌する

● **表記はいろいろ、基本はミョウバン**

ミョウバンは硫酸アルミニウムカリウムのことです。焼ミョウバンもアルム石も基本はミョウバンです。毛穴を引き締めて、収れん・制汗作用に優れています。クロルヒドロキシアルミニウムは効果が高く、刺激も少ないため、制汗剤で最もよく使われる成分です。

肌 表面をさらっと清潔に保つ

亜鉛化合物

表記例 酸化亜鉛、パラフェノールスルホン酸亜鉛など

効能 ● 毛穴を収縮あるいはふさいで、汗を抑える

● **汗や皮脂を吸い取ってさらさらの素肌に**

紫外線防御剤でもある酸化亜鉛は、パウダー状で水や油を吸い取ります。さらっとした状態を長持ちさせる効果があり、ボディシートなどにも使われます。

また、汗腺にフタをして、汗を止める働きをします。殺菌作用があり、制汗剤にもよく使われています。

殺菌・消臭
デオドラント製品に欠かせない成分

代表的な成分
炭、ゼオライト、塩化ベンザルコニウム、 イソプロピルメチルフェノール、チャ葉エキスなど

　ニオイを出す菌の繁殖を抑えたり、ニオイそのものを吸着する成分です。体の殺菌・消臭をうたうデオドラント製品に含まれるものを紹介します。

吸着効果でニオイやニオイの元を除去

炭

表記例　炭、薬用炭

効能 ● 汗や老廃物、脂肪酸などを吸着して消臭する

● **表面にあいた細かい穴でニオイを吸着**

　炭はニオイやニオイの元となる物質を吸着して、消臭する成分です。石鹸や洗顔フォームなどにも使われます。

体臭・加齢臭対策に効果を発揮する

ゼオライト

表記例　銀含有ゼオライト、ゼオライトなど

効能 ● ニオイの原因物質を吸着して消臭する

● **制汗剤で使われる「沸石」**

　ゼオライトとは石の一種で、表面に細かい穴が開いた「沸

石」のことです。制汗剤では、銀などの金属イオンと合成したものが使われています。

体臭・加齢臭対策に有効です。

強 い殺菌力・消臭力を発揮する

ベンザルコニウム

表記例　塩化ベンザルコニウム、ベンザルコニウムクロリド

効能 ● 微生物や雑菌の繁殖を抑える

● 多くのデオドラント剤に使われている

　ベンザルコニウムクロリド（塩化ベンザルコニウム）はカチオン界面活性剤の一種で、微生物や雑菌の繁殖を抑える作用が強い成分です。配合量に規制があります。制汗剤によく使われています。

二 キビ用コスメやデオドラント剤の有効成分

イソプロピルメチルフェノール

表記例　イソプロピルメチルフェノール、シメン-5-オール

効能 ● 微生物や雑菌の繁殖を抑える

● ワキや足のニオイに効果を発揮する

　制汗剤やフットケア製品などの医薬部外品では、消臭効果のある有効成分として配合されています。ニキビ用の薬用化粧品では、殺菌の有効成分として使われています。

野菜や果物のエキスも化粧品で活躍

身近な食材も、化粧品に役立っています。
主な作用は下記の通り。成分表示では、
○○エキスと表記してあるので、チェックしてみましょう。

食材名	主な作用
アシタバ	保湿・血行促進
アスパラガス	保湿・細胞活性化
アセロラ	美白・収れん・柔軟
ウコン	消炎・着色
オクラ	保湿
オレンジ	収れん・保湿
カキ	収れん・整肌
キイチゴ（ラズベリー）	保湿・美白
キウイ	美白・収れん・柔軟
キュウリ	保湿・収れん
グアバ	保湿・消炎
グレープフルーツ	保湿・収れん・整肌
コーヒー（種子）	収れん・保湿・整肌
ゴボウ	保湿・収れん
シイタケ	保湿
シソ	消炎・収れん
ショウガ	血行促進・細胞活性化
トウモロコシ	保湿
トマト	保湿・消炎・収れん
ニンジン	肌荒れ防止・血行促進
ニンニク	細胞活性化・抗菌
パセリ	保湿・消炎・美白
ビワ	消炎・収れん
ブドウ	収れん・消炎・保湿
プルーン	保湿・美白
ミカン	消炎・血行促進
モモ（種子）	保湿
モモ（葉）	抗菌・消炎・収れん
ユズ	収れん・保湿
リョクトウ（モヤシ）	保湿・美白
リンゴ	保湿・収れん
レタス	消炎・肌荒れ防止
レモン	収れん・保湿・美白

化粧品と肌を守るための「安定化成分」

化粧品の性能が落ちないよう、また品質が劣化しないように
使われるのが、ここで紹介する「品質向上・安定化成分」です。
苦手に感じる人もいるようですが、
化粧品の品質を保って安全性を高める成分は、
化粧品そのものだけでなく、
それを使う肌を守るために欠かせないものです。

7章

敬遠する前に、特性と目的を知りましょう

　手作りコスメの一番怖いところは、品質が劣化したり、形状が変わったり、腐ってしまう可能性がある点です。製品として売られている化粧品は、まずそんなことはありません。「品質向上・安定化成分」に守られているからです。

　目的別に、その特性と働きを見ていきましょう。

増粘剤
とろみや粘度を出して、使いやすくする

	代表的な成分
水溶性	カルボマー類、キサンタンガム、セルロースガム、ヒドロキシエチルセルロース、ポリアクリル酸 Na など
油溶性	パルミチン酸デキストリンなど
高分子乳化剤	（アクリレーツ／アクリル酸アルキル（C10-30））クロスポリマー類

　化粧品にはいろいろなテクスチャーがあります。コットンなしでも使えるようなとろみのある化粧水、スパチュラを使ってすくいあげるようなジェル状美容液など、実にさまざまな形状を楽しめるようになっています。これは、増粘剤の技術が進んだおかげ、ともいえます。

水溶性増粘剤

表記例　カルボマー、カルボマーK、カルボマーNa、カルボマーTEA、
ポリアクリル酸Na、キサンタンガム、セルロースガム、
ヒドロキシエチルセルロース

主な働き ● 増粘・触感調整・制菌

● 増粘剤のトップスターはテクスチャー重視

カルボマー類は化粧品で最もよく使われる増粘剤のひとつです。配合量を増やしていくと、ゼリー状に固まる傾向があります。

ただし、塩分に弱い性質があり、汗をかいた肌にのせると、急激にとろみがなくなります。とろみがなくなるという欠点を逆手にとって、「肌の上ですーっと溶けて、なじむこと」を売りにしている化粧品もあります。

カルボマーの後ろにつくアルファベットのKは水酸化カリウムと、Naは水酸化ナトリウムと、TEAはトリエタノールアミンと中和した、という意味です。これらの原料を、カルボマーと別々に表記する場合もあります。合成の成分なので微生物のエサにならないメリットもあります。

ポリアクリル酸Naもカルボマー類に近い性質をもった増粘剤です。

● 糸を引くようなとろみが特徴

キサンタンガムは「キサントモナス菌」の代謝物から作られます。カルボマーのプルプルしたとろみとは異なり、とろっ

と流れるような触感が特徴で、配合量を増やしても固まりません。糸を引くようなとろみのある化粧品には、キサンタンガムがよく使われています。塩分に弱いカルボマー類と塩分に影響されないキサンタンガムの両方を配合して、お互いの欠点を補いつつ、とろみを調整する化粧品も多いようです。

● 繊維質をもとに合成するセルロース系

セルロースガムやヒドロキシエチルセルロースは、植物に含まれる繊維質から合成される増粘剤です。

油溶性増粘剤

表記例 パルミチン酸デキストリン、
（ベヘン酸／エイコサン二酸）グリセリルなど

主な働き ● 増粘・触感調整・乳化

● クレンジングオイルに多く使われる

水性成分も入っている製品であれば、水溶性増粘剤でとろみをつけられますが、これらは水性成分がほとんど入っていないクレンジングオイルや、油中水型のリキッドファンデーションなどによく使われています。

高分子乳化剤

表記例　（アクリレーツ／アクリル酸アルキル（CI0-30））の後に、
クロスポリマー・クロスポリマーK・クロスポリマーNaがつく
※旧称は（アクリル酸／アクリル酸アルキル（CI0-30））の後に、
コポリマー・コポリマーK、コポリマーNaがつく
（アクリル酸Na／アクリロイルジメチルタウリンNa）コポリマー、
（アクリル酸ヒドロキシエチル／
アクリロイルジメチルタウリンNa）コポリマー

主な働き ● 増粘・触感調整・乳化

● 界面活性剤の配合量を減らせる

　高分子乳化剤は界面活性剤的な機能をつけた、画期的な増粘剤です。水にとろみをつけつつ油を包み込める性質があり、界面活性剤が少なくても乳液やクリームを作ることができます。高分子乳化剤を活用したクリームを、その独特の感触からジェルクリームと呼ぶこともあります。数年前に、名称を「アクリレーツ〜」にしようという業界の動きがありましたが、それ以前から旧称のまま作っている会社もあり、今販売されている製品でもまだ表記が混在しています。

メーク製品に使う増粘剤は粘土系か粉体系

　ベントナイトやヘクトライト、ケイ酸（Al/Mg）は、「粘土系増粘剤」と呼ばれています。水を加えると泥状になる性質があり、塩分に弱いカルボマーの代わりに使われることもあります。

また、これらを油に分散しやすいよう改質した「有機変性粘土鉱物」というものもあります。油を加えると泥状になる性質があり、メーク製品や泥パックなどに使われています。

もうひとつ、「粉体系増粘剤」は、シリル化シリカ・ジメチルシリル化シリカなど、粉状のシリカ（無水ケイ酸）のことです。口紅やファンデーションなど、油系化粧品の硬さ調整に使ったり、皮脂を吸着して化粧もちをよくするために配合されています。

防腐剤
主に水性成分を菌から守って腐らせない

代表的な成分
パラベン類、フェノキシエタノール、安息香酸 Na、デヒドロ酢酸 Na、ヒノキチオールなど

化粧品が工場でできあがってから、流通・販売され、消費者が使い切る最後までの長期間、品質を保つのが防腐剤です。場合によっては年単位の間、ずっと化粧品を守ってくれているのです。配合量はきわめて微量なのですが、世間では好感度が低く、敬遠されがちな成分でもあります。

菌が繁殖するのは主に水中なので、油性成分がメインのファンデーションやクレンジングオイルにはもともと防腐剤を入れなくても問題がないことが多いです。

パラベン類

表記例　メチルパラベン、エチルパラベン、プロピルパラベン、
ブチルパラベン、イソブチルパラベン、メチルパラベン Na

主な働き ● 殺菌・防腐

● メチル＆エチルが多用される

　パラベン類は、非常にたくさんの種類の微生物や菌を殺す、優秀な防腐剤です。

　菌に対する効果が弱い順でいえば、メチル→エチル→プロピル→ブチル→イソブチルです。どの微生物や菌に強いかによって、多少の得意・不得意はあります。数種のパラベンを組み合わせて殺菌効果を高めることもあります。

　化粧品では、メチルとエチルが非常に多く使われています。配合量は１％前後で、安全性が高いため、食品の保存料としても使われている成分です。

● ヨーロッパの化粧品ではカクテルも

　成分表示では複数の種類のパラベンが入っていても、「パラベン」とまとめて表記することも多いです。

　以前は、複数の種類をある比率で入れた、いわば「パラベンカクテル」が原料として売られていました。日本ではあまり好まれなかったため、メチルやエチルが主流になっていったようです。ヨーロッパの化粧品では現在でもよく使われています。

フェノキシエタノール

表記例 フェノキシエタノール

主な働き ● 殺菌・防腐

● パラベンの代用品として使われる

　日本ではパラベンを敬遠する傾向があるので、その代わりになる成分としてよく使われるようになりました。パラベンフリーやパラベン不使用をうたう化粧品の多くに配合されています。

　ただし、パラベンよりも殺菌力が劣るため、単独で配合する場合は量が多くなりがちです。また、パラベンとの併用で、より多種類の菌に対応できるという相乗効果もあります。

その他の防腐剤

表記例 安息香酸 Na、デヒドロ酢酸 Na、
　　　　ヒノキチオールなど

主な働き ● 防腐・殺菌

● 防腐剤不使用のイメージに

　パラベン類、フェノキシエタノール以外で化粧品に使われるのは、殺菌力のある安息香酸 Na やデヒドロ酢酸 Na です。また、ヒノキチオールも殺菌力が高い植物エキスです。昔は防腐剤として認識されていませんでしたが、厚生労働省のリストに掲載されたため、防腐剤として扱われるようになった

のです。名前が防腐剤らしくない、自然なイメージがあるため、「防腐剤不使用」の製品で使われていたこともあります。

欧米の化粧品で使われてきた殺菌剤が使用禁止に

抗菌石鹸やボディソープ、マウスウォッシュなどに配合されている「トリクロサン」や「トリクロカルバン」も、殺菌剤です。ＥＵではすでに規制されていましたが、2016年9月にアメリカのＦＤＡ（米国食品医薬品局）が、これらの成分を含む製品を一部販売禁止にすると発表しました。

日本でもハンドソープや薬用石鹸などの洗い流すタイプの製品に使われていますが、数としてはそんなに多くはありません。ただし、欧米の規制強化措置を踏まえて、厚生労働省も動き始めました。これらの成分を含む薬用石鹸に対して、配合しない製品へ切り替えるよう促しています。

酸化防止剤
酸化しやすい成分で劣化を防ぐ

代表的な成分
BHT、 トコフェロール（天然ビタミンE）など

化粧品が酸化して変質したり、変色するのを防ぐ成分です。
特徴は、その成分自体が「非常に酸化しやすい」ところです。

つまり、活性酸素を引きよせて自らが酸化することで、そのほかの成分を酸化から守るのです。酸化しても無味・無色・無害な成分です。

基本的に酸化するのは油性成分なので、油に溶ける性質をもっています。

耐 熱性に優れた脂質の酸化防止剤
BHT

表記例　ＢＨＴ（医薬部外品ではジブチルヒドロキシトルエンとも）

主な働き ● 酸化防止

● 脂質の酸化による変性を防ぐ

ほかの酸化防止剤の成分と比べると、熱に強い特性があります。脂質の酸化を防ぐため、メーク製品でよく使われています。

ビ タミンEの抗酸化力を利用
トコフェロール

表記例　トコフェロール、dl-α-トコフェロール、
　　　　　 d-α-トコフェロール、天然ビタミンE など

主な働き ● 酸化防止（抗酸化とも）

● 昔は表示指定成分だったものもある

アンチエイジングや抗酸化という概念ができる前のはるか昔から、化粧品の酸化防止剤として使われてきました。昔はトコフェロールの一部の成分が表示指定成分だったために、

イメージがあまりよくありませんでした。

　今はその抗酸化力が広く認識されて、イメージもよくなり、非常に多くの化粧品に使われています。そもそもビタミンEなので、酸化防止剤の役割を果たしながら、同時に抗酸化成分でもあるのです。

キレート剤
金属イオンから化粧品を守る

代表的な成分
EDTA塩類、クエン酸、 エチドロン酸塩類、メタリン酸Na

　金属イオン（カルシウムや鉄、マグネシウムなどのイオン）、つまりミネラル分が化粧品の成分と結合すると性能を落としてしまうことがあります。

　たとえば石鹸。温泉で石鹸を使うと、泡立ちが悪くなります。これは温泉水のミネラル分と石鹸の成分が結合してしまうからです。

　金属イオンは化粧品成分の性能を落とすだけでなく、ごく微量でも結合して化粧品を褐色にしてしまうこともあります。それを防ぐのがキレート剤です。キレート剤は、酸化防止剤と同様、自らが金属イオンと結合することで化粧品の変質を防ぐ成分です。金属イオン封鎖剤とも呼ばれています。

洗 浄系の化粧品によく使われる

EDTA 塩類

表記例　EDTA-2Na、EDTA-3Na、EDTA-4Na、エデト酸塩、
エチレンジアミン四酢酸二ナトリウムなど

主な働き ● 金属イオン封鎖・変色防止・透明化

● 最もよく配合されるのが EDTA-2Na

　エデト酸塩と呼ばれることもあります。石鹸や洗顔料、シャンプーなど、洗浄系の化粧品によく使われています。金属イオンと結合して、変色や沈殿するのを防ぎます。石鹸や化粧水の透明化のためにも使われます。

成 分の変色や沈殿を防ぐ

エチドロン酸塩類・メタリン酸 Na

表記例　エチドロン酸、エチドロン酸 4Na、メタリン酸 Na

主な働き ● 金属イオン封鎖・変色防止・沈殿防止

● 石鹸や化粧水にも配合される

　いずれも変色防止や沈殿物の発生を防ぐ目的で配合されます。メタリン酸 Na はカルシウムイオンやマグネシウムイオンと強く結合する性質があります。

p H 調整剤としても使われる

クエン酸

表記例　クエン酸、クエン酸 Na

主な働き ● 金属イオン封鎖

● 食品添加物にも使われる安全な成分

　金属イオンによる沈殿を防止します。クエン酸は安全性も高く、いろいろな化粧品に非常によく使われる安定化成分です。キレート剤としてだけでなく、pH調整剤としても使われます。

pH調整剤
中和あるいは弱酸性を保つために配合

	代表的な成分
アルカリ性	水酸化Na、TEA
酸性	クエン酸、リンゴ酸

　pHとは、液体がアルカリ性か酸性かを知る目安です。化粧品には、酸性成分とアルカリ性成分のちょうどいい状態、つまり中性に保って作用を発揮するものと、やや酸性に保って作用を発揮するものがあります。

　弱酸性の化粧品が「肌に優しい」「低刺激」とよくいわれていますが、これは肌のpHが弱酸性（pH4.5〜6.5）だからです。

　そもそも化粧品では、強い酸性あるいは強いアルカリ性の製品を作ることはありません。刺激が強すぎて、肌がただれてしまいます。

　pH調整剤は、このpHを安定化して、中性あるいは弱酸性の状態を維持するために配合されます。

アルカリ性のpH調整剤

表記例 水酸化 Na（苛性ソーダ）、水酸化 K（苛性カリ）、
TEA

主な働き ● 酸性成分を中和させる

● 単独で配合されることはまずない

　水酸化 Na や水酸化 K は、主に石鹸の原料や増粘剤の中和剤として使われています。成分表記に水酸化 Na と書いてある場合は、必ずどこかに酸性の成分も書いてあります。ステアリン酸やラウリン酸といった脂肪酸やカルボマーなどを中和させるために使っているのです。

　TEA（トリエタノールアミン）も、ステアリン酸などの高級脂肪酸と組み合わせて界面活性剤を作った際に、表記されます。また、カルボマー類と組み合わせて増粘剤を作る際などにも配合されています。

酸性のpH調整剤

表記例 クエン酸、クエン酸 Na（並記）、クエン酸、クエン酸 2Na（並記）、
リンゴ酸、DL-リンゴ酸など

主な働き ● 弱酸性あるいは中性を保つ

● クエン酸緩衝液は必ず組み合わせで

　クエン酸はキレート剤として使われる場合と、pH 調整剤として使われる場合があります。どちらの役割も果たせる一

石二鳥の成分です。

　pH を安定させる pH 緩衝剤（かんしょうざい）として配合されるときは、必ずクエン酸 Na もしくはクエン酸 2Na と組み合わせて使います。食品にも使われている安全性の高い成分です。

● リンゴ酸はやや強めの酸性成分

　pH 調整剤としても使われますが、グリコール酸や乳酸と同じように「ピーリング剤」としても使われることがあります。

　また、リンゴ酸は AHA やフルーツ酸と呼ばれることもあります。もともとリンゴやブドウなどの果物に含まれている天然の成分です。医薬部外品では「DL-リンゴ酸」と表記されます。

　できあがった製品の品質を維持するために配合されています。

化粧品を華やかにする「その他の成分」

　品質向上・安定化成分ではありませんが、その他の目的で配合されるのが「香料」と「着色料」です。見た目や香り、使用感を調整するための成分で、スキンケア製品では使ったとしても非常に微量です。

天然香料と合成香料がある

香料

表記例　**天然香料**：オレンジ果皮油、ティーツリー葉油など
　　　　　合成香料：香料

主な働き ● 香りをつける

● 植物から得られる精油など

　植物の名前がついたエッセンシャルオイルなどがよく使われます。エキスの場合は機能性成分を期待して配合されていますが、オイルの場合は香りづけで使うことも多いです。

　化粧品によっては、記載する成分名が非常に多くなってしまうため、「香料」とまとめて表記するものが一般的です。

　ただし成分表示に植物の名前が入ると印象がよくなるため、あえて個別の成分名で書くこともあります。また、「無香料」というコンセプトの化粧品では、香料と書けないので、あえて成分名を分けて表記することもあります。

● 合成香料も、元をたどれば天然の香り

合成香料は、そもそも香りの元になっているさまざまな化合物を調べて、それを合成して作り上げるものです。たとえば、シトロネロール、リナロール、リモネン、ゲラニオールなどが天然の香りにも含まれる合成香料です。

一般的には、香料会社が化粧品メーカーからの要望を聞いて、調香師が天然香料や合成香料をブレンドして作った「調合香料」がよく使われます。

スキンケアの場合、香料はほぼ間違いなく微量です。配合するとしても0.01％か0.001％といった単位です。使うときだけに瞬間的にほんの少し香りが立てばよい程度で、香水のようにいつまでもその香りが肌に残るような設計では作らないからです。なお、香料が使われていなくても、ベース成分に香りがあり、化粧品に香りがあることもあります。

着色剤

表記例　**顔料**：酸化チタン、酸化亜鉛、酸化鉄、タルク、シリカ、
　　　　パール、ベンガラなど
　　　　植物エキス：オウレンエキス、オウバク（キハダ）エキスなど
　　　　ビタミン類：リボフラビン（ビタミンB_2）、
　　　　シアノコバラミン（ビタミンB_{12}）など
　　　　その他：カラメルなど
　　　　法定色素：赤201、黄203など

主な働き ● 着色する、褪色を目立たなくする、高級感を出す

● スキンケアでは黄色を微量入れることで……

　スキンケアではあまり使いませんが、白いクリームにほんの少し黄色味を足すことで、コクのある高級感が出るものです。カラメルを使うのはそのためです。

　また、オウレンエキスやオウバクエキスのように、そもそも色のついた植物エキスを着色目的で配合する場合もあります。ふんわりした色をつける程度です。

　ビタミン類で色がついているものもあります。リボフラビンは黄色、シアノコバラミンは赤です。スキンケアで入れると、ビタミン配合とうたえるため、付加価値もつきます。

● キラキラしたパール感は粉体で

　ボディクリームなどでもキラキラとしたツヤやパール感を出すものがあります。これは顔料（粉状の着色剤）です。

　また、赤201のような「有機合成色素」は、化粧品のイメージに応じて配合されます。これらは安全性を確認した83種が、法律で限定されています（法定色素といいます）。

成 分 索 引

監修

久光一誠　ひさみつ・いっせい

1997年、東京理科大学大学院基礎工学研究科修了。博士（工学）。
化粧品会社でスキンケア化粧品の開発を担当したあと、
現在は化粧品開発コンサルタントとして、
化粧品技術者向け情報提供サイト「Cosmetic-Info.jp」を運営。
東京工科大学非常勤講師、神奈川工科大学非常勤講師、
国際理容美容専門学校非常勤講師、化粧品成分検定協会代表理事。
共著書に『現場で役立つ化粧品・美容のQ&A』、『化粧品成分ガイド』
（ともにフレグランスジャーナル社）など。

参考文献

『化粧品成分検定公式テキスト』
　一般社団法人化粧品成分検定協会編　実業之日本社
『化粧品成分ガイド 第6版』
　宇山侊男・岡部美代治・久光一誠編著　フレグランスジャーナル社

STAFF

ブックデザイン ● 野田明果
イラスト ● 秋葉あきこ
編集協力 ● 永峯美樹
DTP ● 編集室クルー
校正 ● くすのき舎

美肌のために、知っておきたい
化粧品成分表示のかんたん読み方手帳

監修者　久光一誠
発行者　永岡純一
発行所　株式会社永岡書店
　　　　〒176-8518　東京都練馬区豊玉上1-7-14
　　　　代表 03 (3992) 5155　編集 03 (3992) 7191
印　刷　横山印刷
製　本　ヤマナカ製本

ISBN978-4-522-43484-0 C2077　①